不分齡開發腦力的185個

寶寶遊戲提案

東大嬰兒學專家26年研究數據統合！

東京大學
研究所教授 開一夫／監修　倉田けい／繪　曹茹蘋／譯

前言

剛出生的寶寶是如此嬌小可愛、柔弱無力，一嚎啕大哭就讓人好想盡全力保護這弱小的生命。

但是，寶寶真的柔弱無力嗎？真的是什麼也不會、什麼也不懂，有如一張白紙的存在嗎？說不定，寶寶其實從出生起就懂得許多事情。這麼想的我，每天都埋首於嬰兒的研究中。

「何時學會語言？」、「何時理解自己的存在？」、「何時知道鏡子裡面的人是自己？」……雖然有好多問題想要釐清，但是寶寶當然不會回答，也沒有人還保有嬰幼兒時期的記憶能夠回答這些問題。所以，我透過各種方法想要了解寶寶，時而提出假設、進行實驗，日復一日地從事「嬰兒的研究」。

自1995年開始研究嬰兒至今，轉眼要邁入第26個年頭了。在這段期間，協助過我進行研究的寶寶已超過7000人。

在和眾多嬰兒接觸的過程中，我深深體會到沒有一個嬰兒是一模一樣的。長相和體格自然不用說，就連成長過程、速度、感興趣的事物等，也都各不相同。即使是許多人認為可以讓寶寶停止哭泣的塑膠袋揉搓聲，實際上也不是對所有孩子都有效。有的孩子喜歡可以看見父母臉孔的橫抱法或豎抱法，有的孩子則喜歡多多觀察外面的世界，只要面朝外抱著就會笑瞇瞇的。

育兒書上雖然經常會寫「孩子到了第幾個月就會○○」，像這樣顯示出具體的標準，但是實際上，寶寶們都是以自己的進度在努力地成長，讓那些標準

根本派不上用場。

因此，本書不是以月齡或年齡，而是以「頸部硬挺的時期」、「會站的時期」這類寶寶成長里程碑為標準來介紹遊戲。不需要為了「我的孩子已經○個月了，卻還不會○○！」感到著急。再說，並沒有什麼是寶寶做了，就一定會發展得更好的事情。

最重要的是，和眼前的寶寶開心地交流互動，而且自己本身也能夠樂在其中。請各位一邊嘗試本書所介紹的各種遊戲，一邊觀察寶寶的反應，從中找出孩子喜歡的遊戲。

東京大學研究所教授　開一夫

POINT 1

什麼是「遊戲」？

對於第一次迎接寶寶誕生的家庭，像是「該怎麼玩遊戲才好？」、「寶寶喜歡玩什麼？」等等，應該有許多新手父母都會產生這樣的疑惑。究竟「遊戲」對寶寶而言意義是什麼呢？

我認為，能夠讓寶寶感到開心的都是遊戲。沒有一個固定的形式，因為覺得開心、覺得有趣所以去玩，這樣才叫做遊戲不是嗎？

我希望盡可能讓寶寶產生開心的感覺，讓他們無時無刻都笑容滿面。簡單來說，就是寶寶不想做的事情就不用去做。

凡是寶寶自己主動「想要做」的事情，以及做了會覺得很開心的事情，那就是遊戲。

請各位爸爸、媽媽放輕鬆，一起來想想什麼是寶寶可以玩，同時大人也覺得開心的事情吧！

「遊戲」有什麼好處呢？

那麼，「遊戲」會為寶寶帶來何種好處呢？坦白說，現階段還無法確定遊戲能否對人生帶來幫助或好處。因為遊戲並非訓練，只是讓寶寶玩得開心的東西，要掛上「只要玩這個遊戲，就會變得很會○○」的保證是不可能的。

就拿「球類遊戲」當作例子，喜歡球類遊戲的孩子，也不可能將來每個人都成為足球選手或棒球選手，對吧？可是，在運動選手之中，應該有許多人從幼兒期就非常喜歡玩球類遊戲。

那位知名的史蒂夫·賈伯斯也曾經說過，當下誰也不知道點與點何時會相連。但是此時此刻，寶寶開心玩耍的心肯定是幸福洋溢的，而這不正是遊戲最充分的理由嗎？

POINT **3**

做不到 ≠ 討厭！

我之前曾說「遊戲」並非訓練，然而在某種程度上，還是需要訓練孩子對遊戲產生「好玩」的感受。

這一點非常困難，因為寶寶並不會從一開始就覺得所有遊戲都很好玩。各位應該也有過類似的經驗吧？

無論是工作或是學習，儘管一開始做得很不順手，但是在經過一番練習之後就變得愈來愈得心應手，並且從中感受到樂趣所在。

尤其寶寶還處於成長階段，自然會有很多「還做不到的事情」。但是相對的，寶寶的學習進步速度也很快，今天覺得沒興趣的遊戲，明天就玩得很開心是常有的事。

即使見到孩子不會玩，或是顯得興趣缺缺，也不要立刻斷定「孩子討厭這個遊戲」，請試著和他們多玩幾次。如果學會玩新的遊戲，寶寶一定也會很開心。

「遊戲」就是讓孩子做想做的事

每個寶寶的成長速度都不盡相同。可是，尤其是初次育兒的新手父母，特別容易拿自己的孩子和周遭其他孩子做比較，「那孩子已經會投球了，我的孩子卻還不會！非但如此，甚至連看也不看，會不會有問題啊……」還會像這樣過於憂心忡忡。

可是，每個寶寶都有自己的個性，想做的事情也各不相同。而「遊戲」最重要的一點，就是做寶寶想做的事情。當然，危險的遊戲最好還是不要讓寶寶做，但是如果不管寶寶做什麼都說「危險，不可以！」然後拿走，他們就會很難發展出自主性。請從旁守護寶寶做他們想做的事情，如果是有危險的東西，再悄悄地拿開就好。

大人和寶寶都「開心地玩遊戲」，這一點才是最重要的。

不分齡開發腦力的
185個
寶寶遊戲提案
CONTENTS

前言 002

遊戲方法POINT 004

何謂「嬰兒學」？ 012

寶寶擁有的能力 014

① 寶寶懂數字!? 016

② 寶寶能夠理解物理!? 018

③ 寶寶能夠區分善惡!? 020

寶寶有比較的能力!? 022

④ 寶寶聽得懂話!? 024

⑤ 寶寶知道自己是誰!? 026

本書的使用方法 026

CHAPTER
1
一直睡覺
↓
會扶站
時期的遊戲

027

一直睡覺的時期 028

漫畫 日常的一切對寶寶而言都·是·遊·戲!? 029

① 讓寶寶握緊手 030

② 用媽媽語和寶寶說話！ 032

③ 互相注視，模仿手掌開合 034

④ 抱著搖一搖 036

⑤ 學寶寶的發音 038

⑥ 床邊吊飾搖來晃去 040

⑦ 玩具在哪裡？ 042

⑧ 享受戶外空氣♡ 044

⑨ 看得見真好玩♪ 048

⑩ 抓抓塑膠袋 050

頸部硬挺的時期

讓一直睡覺時期的日常更有趣
提升幸福感時期的肌膚接觸技巧 052

讓頸部硬挺時期的日常更有趣 056

漫畫 首先從嘴巴開始！ 057

11 找出喜歡的東西～ 058

12 發出聲音的玩具 060

13 拿得到玩具嗎？ 062

14 趴在身上晃啊晃 064

15 大塊布也能玩遊戲 066

16 球球滾來滾去 068

17 從腿上跳起來 070

換好尿布後的伸展體操 072

會翻身的時期

讓頸部硬挺時期的日常更有趣 074

漫畫 初次移動的目標是…… 075

18 自己拿拿看 076

19 趴著摸得到嗎？ 078

20 在吊床上晃來晃去 080

21 報紙演奏會 082

22 好多擬聲擬態詞♪ 084

23 自製沙鈴搖一搖 086

24 從腿上跳高高 090

25 拿得到腳上的手帕嗎？ 092

26 外出悠閒地散步♡ 094

讓會翻身時期的日常更有趣
寶寶的最愛！「沒有人沒有人，哇～」的各種變化 096

會坐的時期

讓會坐時期的日常更有趣 098

漫畫 向寶寶界的常識學習 099

27 寶寶的最愛♡ 面紙遊戲 100

28 好多有趣的聲音♪ 102

29 滾球球 104

30 滾來滾去摸玩具 106

31 「飛高高」解禁！ 108

32 「給我」、「請用」、「謝謝」 110

讓會坐時期的日常更有趣
能夠模仿大人的動作嗎？ 112

會爬行 的時期

漫畫　每天都在變化的爬行 … 115

38 猜猜看是哪隻手？ … 126
37 紙張撕碎碎！ … 124
36 坐紙箱兜風去 … 122
35 爬呀爬呀過山洞 … 120
34 追逐遊戲 … 118
33 第一次玩積木 … 116

會扶站 的時期

漫畫　終於會扶站了，可是…… … 130

39 爬到背上吧♪ … 131
40 搖搖晃晃捉迷藏 … 132
41 最～喜歡聽音樂了♡ … 134
42 撕膠帶遊戲 … 136
43 把沙包放進桶子裡♪ … 138
44 模仿打電話 … 140
45 換衣服真好玩♪ … 142
… 144

CHAPTER 2 會站→會走路 時期的遊戲 … 147

會站 的時期

漫畫　爬行時期要結束了!? … 148

1 一二一二起步走♪ … 149
2 大量活動身體吧！ … 150
3 利用繪本和寶寶對話 … 152
4 撲通一聲掉進去 … 154
… 156

搖搖晃晃走路 的時期

漫畫　送來的是愛與垃圾!? … 160

5 第一次穿鞋散步 … 161
6 玩水嘩啦啦 … 162
… 164

附錄實驗 198

附錄繪本 192

17 「角色扮演」遊戲 190

16 幫忙遊戲♡ 188

15 又夾又扯的洗衣夾 186

14 蠟筆隨意畫 184

13 紙杯保齡球 182

12 互動時間的雙人運動 180

11 沙坑挖挖挖 178

漫畫 成長速度爆炸快…… 177

走得又穩又快 的時期 176

讓搖晃晃走路時期的日常更有趣 174

10 能夠拿過來嗎？ 172

9 轉一轉，扭一扭 170

8 好棒的平衡感！ 168

7 你好，大自然！ 166

在家實驗看看吧！

④ 1歲的「模仿能力」
寶寶學得如何呢？ 158

③ 寶寶的「記憶力」
做得到嗎？ 128

② 寶寶的「記憶力」
能維持多久？ 088

① 寶寶的視力
如何呢？
「尋寶遊戲」大挑戰 046

何謂「嬰兒學」？

　所謂「嬰兒學」，是運用科學方法對寶寶的心理、行動、腦部發育及其過程進行研究的學問。嬰兒學在這20～30年間有著相當驚人的發展，留下的好幾項研究結果都足以顛覆「寶寶就是柔弱無力」這種潛藏在大人潛意識中的印象。

　接下來，我將從寶寶所擁有的各種能力中舉出5種，一邊對照實驗結果，一邊進行解說。

　以下實驗有好幾項都可以自己在家嘗試看看。雖然在研究領域上稱之為「實驗」，但其實不用想得太過嚴肅，只要當成能夠欣賞寶寶反應的一種遊戲即可。

　讓我們一起從各式各樣的遊戲中，找出許多寶寶的「厲害之處」吧！

\ 能力 **4** /

聽得懂話

語言能力

寶寶剛出生，
就能辨別所有國家的
語言和所有發音！

\ 能力 **1** /

懂數字

計算能力

寶寶生來就會1＋1＝2、2-1＝1，
這種簡單的數字
「加法」、「減法」！

\ 能力 **5** /

知道自己是誰

反應能力

1歲多的寶寶
就能理解鏡子裡面的人
是自己!?

\ 能力 **2** /

能夠理解物理

物理能力

理解物體無法
穿越物體
這類物理定律！

嬰兒的實驗
是如何進行的？

聽到要對寶寶進行實驗，大家可能會覺得
有點可怕吧。但事實上，我並不會把寶寶
放進MRI裡面，也不會做會對寶寶造成負
擔的實驗。基本上，我都是以仔細觀察的
「注視」為基準，在研究、分析寶寶的各
種行動。

\ 能力 **3** /

能夠區分善惡、
有比較的能力

社會能力

剛出生不久的寶寶，
就已經具備在社會上生存的
能力了!?

寶寶
懂數字!?

計算能力

雖說懂數字，不過寶寶並非從0歲起就能夠理解困難的算式，而是要到出生5個月各種以後，才會對1＋1＝1、2－1＝2這類錯誤的計算產生「好奇怪喔！」的感覺。

美國研究學者凱倫・溫恩（Karen Wynn）曾經針對寶寶的計算能力做過一項很有名的實驗。實驗方法如下：

① 在空無一物的場所放置娃娃（1號娃娃）。

② 屏幕（隔板）降下，遮住娃娃。

③ 另一個娃娃出現（2號娃娃）。

④ 將2號娃娃放在屏幕後方，且讓寶寶先看見。

⑤ 屏幕升起，娃娃現身。

⑥ 確認寶寶在出現2個娃娃時，以及只出現1個娃娃時的反應。

實驗結果顯示，比起出現2個娃娃時，寶寶在只出現1個娃娃時，注視（＝仔細觀察）的時間較長。

透過注視時間來確定寶寶偏好何者的方法，在嬰兒實驗中經常使用，而一般認為，寶寶對於不可思議的情況和已經習慣的事物，注視時間會比較長。也就是說，根據這項實驗可以了解到寶寶理解1＋1＝1是很怪異的事情。

請務必試著透過遊戲，發揮寶寶的計算能力吧！

實驗 1　1＋1＝1　是錯誤的☆

寶寶
能夠理解物理!?

物理能力

人反重力飄浮在空中，或是穿越牆壁，這些在物理上都是不可能發生的事情。只要是大人，都能不假思索地明白這一點，但其實出生5個月的寶寶也理解那些是「在物理上不可能發生的事情」。

以下是一項針對寶寶的物理能力所做的實驗。

① 讓寶寶看見玩具車駛下坡道，通過屏幕（隔板）的後方，之後又出現的樣子。最後升起屏幕，讓寶寶看見通道。只要重複讓寶寶觀看這個動作，寶寶就會漸漸對這個動作感到厭倦（＝習慣化）。

② 等到寶寶厭倦之後，這次將大小足以遮住玩具車的盒子避開通道，擺放上去。然後，讓寶寶觀看和①相同的動作。由於放上了盒子，狀況變得和先前不同，寶寶會有一陣子一直盯著動作看。可是，經過和①差不多的時間後看習慣了，寶寶又會變得不再觀看動作。

③ 最後，把盒子擺在會擋住通道的位置上，讓車子跑動。照理說應該會撞上盒子的玩具車，假使穿過盒子、從屏幕後方現身了，寶寶會做出何種反應呢？

這項實驗的結果顯示，寶寶觀看③的時間比①②來得更久（＝脫離習慣化）。從這件事情可以看出，寶寶理解車子能夠穿越被盒子擋住的通道，在物理上是「不可能的」。

由此可知，寶寶其實比大人所想的要了解得更多。

實驗 2 那是不可能的事情……

寶寶
能夠區分善惡!?

社會能力 ❶

各位能夠回答得出來，自己是從什麼時候產生了「道德觀念」嗎？有的人可能會回想小時候上過的生活與倫理課，也或許有的人會想起成為往後人生軸心的重大事件。

然而事實上，人類似乎是從嬰兒時期開始，就具備掌握事物善惡的能力了。

以下是以 6 個月大左右的寶寶為對象進行的實驗。

❶ 讓寶寶觀看電腦螢幕上沒有台詞的動畫。登場的是顏色相異的幾顆球。動畫雖然有音效，但是沒有台詞。

❷ 螢幕上，有一顆紅色的球。接著，來了一顆藍色的球。

❸ 藍球狠狠地撞上紅球，結果衝擊力把紅球壓扁了。

❹ 如果把同樣的紅球和藍球放在看完影片的寶寶面前，寶寶會選擇哪顆球呢？

這項實驗的結果是，幾乎所有寶寶都選了剛才在動畫中被壓扁的「紅球」。

即使改變球的顏色再次實驗，幾乎所有寶寶還是都選擇了被壓扁的球。

從這一點可以推測出，寶寶即使才只有 6 個月大，或許就已經擁有討厭欺負他人的行為、懂得保護弱小的意識。倘若人類從嬰兒時期開始，便已具備判別善惡的能力，那麼也許就表示「性善論」所言不假吧。

實驗 **3** 善良的萌芽 ♡

寶寶
有比較的能力!?

社會能力 ❷

寶寶據說擁有比較、判斷哪一個事物對自己有好處的能力。也就是說，**寶寶**

其實意外地貪心。

美國心理學家保羅・布魯姆（Paul. Charles. Blum）等人的研究團隊，對10個

月大的寶寶進行了以下實驗，證實了這一點。

❶ **準備2個模樣相同、顏色不同的娃娃。**

❷ **在其中一個娃娃前面放3根香蕉，在另一個娃娃前面放1根香蕉。**

寶寶會選擇哪個娃娃呢？

這個實驗非常單純且簡單，而最後的結果顯示，**幾乎所有寶寶都選擇了香蕉**

比較多的那個娃娃。

另外，在使用相同方法，將有拿和沒拿「道具」的娃娃拿給寶寶看的實驗

中，多數寶寶依舊選擇了「有拿道具的娃娃」。

說不定人類從嬰兒時期開始，就擁有**「選擇對自己『有利』的事物」這種在**

生存上非常重要的能力。

寶寶確實沒有了父母和周遭大人們的支援，便無法生存下去。但是，他們卻

比大人以為的還要更早就開始以自己的方式理解世界，處理各式各樣的資訊。在

今後更加懂得尊重、包容多樣性的時代，為了讓寶寶安全且健全地自主成長，我

們做大人的能否盡全力給予支援至關重要。

實驗 4 知道何者「有利」就能生存下去！？

不假思索

你喜歡哪一個？

抱 ♥

不假思索

如果是這樣呢？

抱 ♥

該說這孩子很世故嗎…

是擁有在社會上生存的能力吧……

有道貝

精明!!

有3根香蕉

哇……

寶寶
聽得懂話!?

語言能力

寶寶天生就擁有無論是哪個國家的、哪種語言的特殊發音，都能夠清楚分辨的能力。就連日本成年人非常不擅長的英文「L」和「R」的發音，也能夠分辨出來。據說寶寶之所以會有這樣的能力，**是為了讓自己無論父母是說何種語言都有辦法適應。** 對寶寶而言，和父母親之間的交流就是如此重要。

可是，這項能力卻會在出生後9個月～12個月左右消失不見。或許是因為隨著成長，寶寶變得能夠理解父母所說的話，不需要的語言發音也就自然而然地從腦中消失了。

話雖如此，應該還是有人會心想，寶寶會不會只是對「聲音」的認知能力很高呢？可是，一項有趣的實驗證實了寶寶能夠清楚地理解「語言」。

首先，錄下媽媽（當然，換成爸爸也可以）朗讀的聲音。只要正常地播放錄好的聲音，寶寶就會專注地聆聽媽媽說話的聲音。可是，若是將聲音倒過來播放，他們就會完全不感興趣。

由此可知，**寶寶確實理解哪個語詞具有「語言」上的意義。** 即使是還不會說話的寶寶，也可以說能夠在某種程度上聽懂大人說話的內容。

因此，請各位多和寶寶說話，重視親子之間的交流。

實驗 5 　倒過來播放就不是語言！？

寶寶
知道自己是誰!?

反應能力

各位有看過那種，把貓狗放在鏡子前，結果毛小孩繞到鏡子後面找尋鏡中的自己的影片嗎？對我們而言，鏡子是用來認識自己外表最主要的工具，然而，我們究竟是從何時開始認知到，鏡中的人物就是自己呢？

一項有趣的實驗便利用了鏡子，來調查寶寶是如何理解自己的。接受實驗的對象是1歲2個月～2歲大的寶寶。

❶ 一如往常地和寶寶開心遊戲，然後趁其不注意，悄悄地在他們頭上貼貼紙（建議在撫摸頭的時候趁機貼上去）。

❷ 繼續遊戲3分鐘，確認寶寶是否有注意到貼紙。如果寶寶發現了，就請改天再試一次。

❸ 在寶寶面前放一面大鏡子，問他「這個小朋友是誰啊～？」。

接著，寶寶有辦法把黏在自己頭上的貼紙取下來嗎？

實驗結果顯示，有一定數量的孩子在見到鏡中的自己後，會觸摸自己的頭，把貼紙拿下來。

當然，也有的孩子一開始無法意識到鏡子裡的人是自己，但是讓他們多照幾次鏡子後，有些孩子就能夠產生認知了。說不定還有孩子會朝鏡子裡的自己伸手，想要取下鏡中的貼紙呢。

這個實驗也能以家中現有的物品輕鬆完成，請各位不妨嘗試看看。

實驗 **6** 鏡子啊鏡子，我究竟是誰？

本書的使用方法

介紹讓
日常更有趣
的遊戲

●肌膚接觸技巧…P.52
●沒有人沒有人，哇～…P.96
●在浴室也能玩遊戲…P.174
●伸展體操…P.72
●模仿大人的動作…P.112

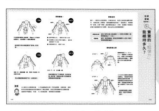

介紹在家
也能做的
嬰兒實驗

●寶寶的視力如何呢？…P.46
●寶寶的「記憶力」能維持多久？…P.88
●「尋寶遊戲」大挑戰…P.128
●1歲的「模仿能力」…P.158

附錄繪本＆
附錄實驗

卷末有小精靈和小蟲的附錄繪本及附錄實驗。請各位家長與寶寶同樂。

小精靈和小蟲

本書的配角，非常喜歡玩親子扮家家酒遊戲。他們感情這麼要好的原因無從得知。

遊戲重點

解說在進行這項遊戲時，可以見到寶寶的哪一面，以及那一面與成長有何關聯。

圖示解說

心

會讓寶寶的幸福荷爾蒙上升的遊戲。

身體

讓寶寶活動身體的遊戲。

感覺

看、聽、放入口中、觸摸……藉由刺激感官拓展寶寶認知的遊戲。

居家　戶外

表示可以在家進行的遊戲，或是需要到戶外進行的遊戲。

一直睡覺

↓

會扶站

時期的遊戲

一直睡覺

的 時 期

這個時期的表情較少，頸子也還沒變硬，所以沒辦法玩？
不是這樣的，對寶寶來說，從照顧者的笑容、聲音，到餵
奶、換尿布、擦臉等肌膚接觸，這些全部都是遊戲。

日常的一切對寶寶而言都‧是‧遊‧戲！？

讓寶寶握緊手

> 「緊握」也許代表著
> 寶寶產生想要抓取物品
> 的念頭了？

感覺　居家

遊戲重點

寶寶從一出生到大約3～4個月大左右，會具備所謂的「原始反射」機能。原始反射是一種與寶寶意志無關的反射反應，碰到東西會緊緊抓住的舉動也是其中之一。在重複這種反射的過程中，寶寶會逐漸學習如何活動身體。因為原始反射只有這個時期才見得到，請各位好好運用這一點與寶寶同樂。

遊戲方法

用手指輕戳寶寶的手掌，使其握緊。等到寶寶握緊了，一邊跟寶寶說「你握住了耶！」、「這是媽媽的手喔！」，一邊微微地左右晃動握住的手。

→ ARRANGE

手掌按摩

當寶寶的手掌張開時，像是在整個手掌上畫圓一樣，以指腹輕輕地幫寶寶按摩。

→ CARE POINT

**不要勉強
打開手掌！**

剛出生的寶寶因為手部缺乏肌力，會握拳是很正常的。請不要勉強打開，等到手掌自然張開再進行按摩。

用媽媽語和寶寶說話！

寶寶最喜歡有抑揚頓挫、語速緩慢且高亢的聲音了♪

不要勉強喔♡
噯噯噯噯

心　感覺　居家

遊戲重點

據說寶寶偏好「媽媽語」這種說話方式。具體而言，那是一種「音調偏高」、「語速緩慢」，且「有抑揚頓挫」的說話方式。媽媽語其實並沒有那麼特別，而且從實驗結果也可以得知，只要見到小寶寶，大人很自然而然地就會以那種方式說話。所以，沒有必要勉強改變說話方式，只要自然地多和寶寶說話就可以了。

遊戲方法

剛出生的寶寶，可以模糊地看見範圍在20～30cm左右的物體。請把臉湊近，慢慢地跟寶寶說話。

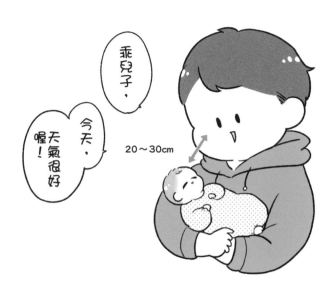

乖兒子，

今天，天氣很好

喔！

20～30cm

→ CARE POINT 1

寶寶喜歡正面♡

寶寶在出生30分鐘後，就會變得很喜歡看人的臉。而且根據實驗結果，比起朝向側面的臉，正面的臉更容易讓寶寶接受到刺激。和寶寶說話時，臉朝正面、直視雙眼，這樣更能讓寶寶感到你滿滿的愛。

→ CARE POINT 2

無論是誰都能變成媽媽語!?

有些人主張「跟寶寶說話，應該要用和大人說話時相同的方式」。可是不管什麼樣的人，一見到寶寶，音調和說話方式應該都會產生微妙的變化。寶寶似乎有著改變大人說話方式的能力。

互相注視，
模仿
手掌開合

帶著會讓寶寶
想要模仿的笑容♪

靠太近了！

心	身體	感覺	居家

遊戲重點

實驗結果顯示，假使母親在教導剛出生不久的寶寶手部運動時是注視著對方，寶寶手臂肌肉的活動量會比閉上眼睛教導時多上許多。換句話說，寶寶會在雙方四目交接時試圖大量地活動身體。眼神交流也許與寶寶的成長大有關聯。

遊戲方法

在寶寶心情好的時候試著把臉湊近、與他四目交接，一邊說「石頭布、石頭布」一邊開合手掌，看看寶寶會不會也想做出相同的動作。

→ **CARE POINT**

能夠模仿表情嗎？（新生兒模仿）

據說剛出生的寶寶有著模仿表情的能力。這種能力被稱為「新生兒模仿」，也有研究報告顯示，寶寶剛出生不久就已經能夠做到「吐舌（咧～）」、「開合嘴巴（啊～）」、「嘬唇（啾～）」的表情模仿了。無論寶寶有沒有模仿，都要在最後給他們一個燦爛的笑容喔！

抱著搖一搖

時而說話、時而唱歌……
只要溫柔地搖晃，
就能給寶寶滿滿的安心感！

舒服地～
溫柔地～

搖啊搖
搖啊搖

心　　感覺　　居家

▌遊戲重點

有一份資料顯示，如果讓9周大的小嬰兒和母親分房睡5分鐘，寶寶會因為即使哭泣媽媽還是沒有出現而感到害怕，體溫因而下降將近1度。我並不是要各位讓寶寶養成被抱的習慣，而是當寶寶哭泣時，要盡可能溫柔地出聲安撫，並且一邊搖晃一邊與寶寶肌膚接觸，讓他們感到安心。

遊戲方法

讓寶寶的頭靠在手臂內側以免脖子晃動,用橫抱法輕輕地搖晃。還可以把臉湊近、與寶寶四目交接,微笑著呼喚他的名字,跟他說話。

-▸ ARRANGE

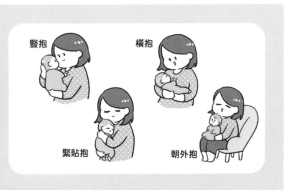

**抱抱+溫柔的動作
有放鬆效果!**

寶寶只要被父母親抱著走路,心跳數就會下降,進入非常放鬆的狀態。請各位務必將抱抱+溫柔的動作納入日常互動中。每個寶寶都有他們喜歡的抱法,建議可以多嘗試看看。

※在頸子變硬之前,抱的時候務必要確實支撐住頸部。

學寶寶的發音

別人對自己的話有反應，是一件令人開心的事情喔♪

盡情聊天吧♡

啊～啊　啊～啊

心　　感覺　　居家

遊戲重點

寶寶從出生1個月左右開始，每當心情平靜、覺得開心，有時會發出「啊～」或「咕～」之類的聲音。寶寶會發出這種「咕咕聲」，代表他的聲帶已經發育了。之前的交流都是大人主動對寶寶說話，現在起可以試著回應寶寶的話，進一步加深和寶寶之間的親密感。

遊戲方法

也有人說，咕咕聲是寶寶在聽見別人的聲音後，嘗試著讓自己也發出那樣的聲音。當寶寶發出「啊～」、「咕～」的聲音，請以相同的音調說「是啊～呀」、「是咕～對吧」，回應寶寶的話。

→ **ARRANGE**

主動說話讓寶寶更開心

換尿布或洗澡時，一邊和寶寶說話、一邊進行肌膚接觸（參考P.52～53），會讓寶寶心情愉悅，說不定還會以比平時更大的音量咕咕地回應喔！

→ **CARE POINT**

寶寶喜歡 媽媽的聲音♡

比起男性，寶寶更喜歡女性的聲音，尤其最喜歡媽媽的說話聲了。研究結果顯示，寶寶剛出生就能夠分辨出誰是自己的母親。

床邊吊飾
搖來晃去

因為動作無法捉摸，
所以能讓寶寶
樂此不疲♡

感覺　　居家

遊戲重點

緩緩移動的床邊吊飾，是能夠吸引寶寶注意力的玩具之一。如果要擺放床邊吊飾，最好掛在這個時期的寶寶也能看見的30cm左右處。另外，有在考慮購買或自製床邊吊飾的人，選擇容易被寶寶看見的紅色、藍色等鮮明的顏色，或是會閃閃發亮的款式，應該更能吸引寶寶的注意。

遊戲方法

床邊吊飾要掛在寶寶看得見的位置（距離寶寶約莫30cm）。也可以花點心思裝上鈴鐺等物品，使其發出柔和的聲響。記得要定期移動位置，幫助寶寶改變面朝的方向。

➡ ARRANGE

閃亮亮的床邊吊飾

寶寶非常喜歡會發亮的東西。建議可以試著將鋁箔紙揉成球狀，加在現有的床邊吊飾上。

➡ CARE POINT

窗簾也可以是床邊吊飾

遇上天氣晴朗舒適的日子，不妨試著將窗戶打開一小段時間吧。窗簾隨風搖曳的模樣，就像是一個天然的大型床邊吊飾，同時能夠讓寶寶親身感受到舒服的風。

玩具在哪裡？

移動速度
要緩慢喔 ♡

咻！　咻！

哇啊　啊啊

好快！

身體　　感覺　　居家

遊戲重點

隨著頸部漸漸變硬，寶寶的動作也會變得活潑起來。不僅會揮舞手腳，能夠轉動臉部「追視」物體的孩子也會開始增加。轉動臉部追視的動作和頸部的硬挺也有關聯，能夠擴展寶寶的視野。請拿著寶寶喜歡的玩具，一邊跟寶寶說話、一邊緩緩地左右移動，玩一場追視的遊戲吧！

遊戲方法

將玩具湊近寶寶的臉，由右至左地緩緩移動玩具，讓寶寶用視線去追。同時一邊溫柔地呼喚孩子的名字，告訴他「在這邊喔!」。如果使用會發出聲音的玩具，將更容易吸引寶寶的目光。

=▸ ARRANGE

再長大一點之後

等到頸部變硬挺了，寶寶的追視範圍也會擴大許多，其中，有的寶寶甚至還能夠移動180度。這時，就可以玩範圍更廣的追視遊戲了。玩遊戲的時候如果可以像「你追得到了耶!」、「你好棒喔!」這樣，以愉快的語氣跟寶寶說話，寶寶的心情也會很好。

遊戲
8

享受戶外空氣 ♡

建議等到3個月大之後，再到公園散步。

暖洋洋

暖洋洋

最喜歡戶外了！

心　感覺　戶外

遊戲重點

寶寶也需要呼吸外面的空氣。和外面的空氣接觸可以促進新陳代謝、增加食慾，另外，新鮮的空氣和陽光還能給予肌膚刺激，讓寶寶產生抵抗力。除了幫助寶寶的身體發育，照顧他們的大人也能藉此轉換心情。一開始可以先在溫暖的日子開窗5～10分鐘，等到習慣了，再帶寶寶到陽台或玄關外接觸新鮮空氣。

遊戲方法

選一個氣候溫和的日子，抱著寶寶來到陽台、窗邊或玄關外，接觸陽光和風。一邊跟寶寶說「風好舒服喔！」、「今天好溫暖！」，一邊享受戶外的空氣。

→ ARRANGE

接觸大自然

來到戶外後，可以讓寶寶聞聞花香，如果脖子已經變硬了，還可以讓寶寶觸碰葉子，進行只能在戶外感到的體驗。

→ CARE POINT

不要太勉強

在頸部變硬挺之前沒必要勉強帶寶寶到戶外去。要把這個時期接觸戶外空氣的目的想成單純是為了轉換親子的心情！請避開天氣不佳的日子、寒冷及炎熱的天氣。也別忘了幫寶寶戴上帽子，避免陽光直曬！

問題 寶寶喜歡哪個圖案？

剛出生的嬰兒視力僅有 0.01 ～ 0.02，直到 1 個月大為止，可以說都只有能夠感應到光線的程度。之後，3 個月大會發育到 0.05、6 個月大為 0.1 左右、9 個月大為 0.1 ～ 0.2 左右，至於要能夠以雙眼產生立體視覺，據說要成長到 6 歲左右的年紀。那麼，寶寶喜歡的圖案是以下哪一種圖形呢？

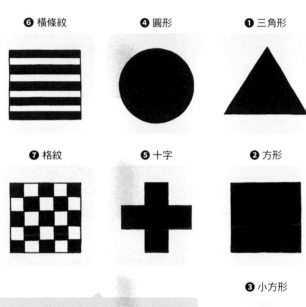

❻ 橫條紋　　　　❹ 圓形　　　　❶ 三角形

❼ 格紋　　　　❺ 十字　　　　❷ 方形

❸ 小方形

答案是 ⑦

研究嬰兒知覺的美國心理學家羅伯特‧L‧芬茲（ Robert L. Fantz ），做了一項嬰兒會注視以上哪個圖形的調查，結果發現嬰兒會長時間注視❼的格紋。請各位務必也在家實驗看看。

※ 卡片請貼在厚紙板上。

**1歲
左右**

**1個月
左右**

**4歲
左右**

**3個月
左右**

photo:Anastasiya Babienko

解說

如上方的照片所示，寶寶眼中的世界就像是蒙上了一片濃霧，直到3個月大為止，顏色的對比都還不是很清晰。因此，寶寶才會喜歡紅色等強烈的顏色，或是格紋這種對比分明的圖案。

看得見真好玩♪

寶寶喜歡
對比分明的
顏色和圖案♡

可是兩邊都是
小精靈耶……

感覺　居家

遊戲重點

寶寶從3個月大起就能看見顏色，到了4個月大時，能夠像大人一樣分辨顏色。話雖如此，在這個時期的寶寶眼裡，世界依舊是模糊不清的，或許就是因為這樣，寶寶才會特別喜歡紅、藍、黃這類鮮明的3原色吧。寶寶今後將透過遊戲，漸漸看見許多東西。多希望他們眼中見到的都是美麗的事物！

遊戲方法

用厚紙板和免洗筷製作畫有格紋和螺紋圖案的卡片，讓寶寶看一看。注視比較久的就是寶寶喜歡的圖案。

→ ARRANGE

趴在色彩繽紛的地墊上

等到寶寶脖子變硬、可以從俯臥姿抬頭時，就把寶寶放在圖案繽紛的毛毯、地毯等地墊上吧。趴著可以看見地墊的圖案，抬起頭又能看見人的臉和其他景色，因此有助於拓展寶寶觀察事物的樂趣。

遊戲
10

抓抓
塑膠袋

▶ 寶寶為什麼會喜歡塑膠袋沙沙的聲音呢？

沙沙沙
我們來了♪

身體　感覺　居家

遊戲重點

據說只要將塑膠袋揉搓出沙沙聲，寶寶就會停止哭泣。至於寶寶喜歡沙沙聲的原因，像是「類似在母親肚子裡聽見的血液流動聲」等等，雖然理由眾說紛紜，但目前都尚未獲得科學上的證實。不過，對一部分的寶寶來說，塑膠袋發出的聲音確實會對聽覺造成刺激，觸碰後形狀會改變這一點也會對觸覺帶來刺激，因此無疑是一樣十分有吸引力的玩具。

遊戲方法

在塑膠袋中裝入空氣，然後綁住袋口，接著加上繩子，放在寶寶的肚子上。寶寶會開始抓袋子，觸碰或用嘴巴進行確認，使其發出沙沙聲。過程中請大人千萬不要移開視線喔！

→ ARRANGE

抓住球球！

在稍微洩氣的海灘球上加繩子，同樣試著放在寶寶的肚子上。這樣可以讓寶寶感受不同於塑膠袋的光滑觸感。

→ CARE POINT

可以抓握的球球太棒了！

「Oball 洞動球」在全世界大受歡迎。它的球體是呈現網格狀，非常好抓握，也很容易滾動。開教授認為，這是一項相當厲害的發明。

提升幸福感的
肌膚接觸技巧

肌膚接觸，會讓寶寶的腦中分泌出對形成愛與安全感而言非常重要的「幸福荷爾蒙」，所以請記得多多撫摸寶寶喔！

摸 頭

據說摸頭會讓神經受到刺激，心情也會隨之平靜下來。請用手掌包覆寶寶的頭部，輕柔地撫摸。撫摸的同時，一邊說「你好可愛喔！」、「我最喜歡你了」之類溫柔的話語，會讓寶寶的幸福感進一步提升。

戳 臉 頰

把臉湊近，用食指輕戳寶寶的臉頰。說出「這是○○的臉頰」之後，也邊戳自己的臉頰邊說「這是媽媽的臉頰」。另外，像是鼻子、額頭等部位也都可以戳戳看。記得要先將指甲修短。

朝 臉 吹 氣

朝寶寶的臉「呼～」地吹氣。祕訣是要像說話一樣輕輕地吹。繼臉之後，也朝脖子吹氣。寶寶說不定會因為覺得癢，而開心地咯咯笑喔！

搔 癢

一邊說「咕嘰咕嘰」，一邊搔寶寶癢。如果寶寶感覺很開心，這就是一個好玩的遊戲。笑可以促進傳達訊息的神經迴路（突觸）增長，使腦部發育健全。

在 身 上 散 步

坐著抱寶寶，使其穩定不會摔落，然後交互移動2根手指，開始散步。額頭、鼻子、臉頰……為避免弄傷寶寶的肌膚，要以指腹輕觸、緩緩地移動。請一邊說著「抵達肚子了」、「膝蓋在哪裡呢？」，和寶寶一同享受散步的樂趣。

推 腳 腳

用手抵住寶寶的腳掌，同時輕推雙腳。等到習慣了，寶寶就會開始想要踢腳。只要反覆進行這個動作，就能幫助寶寶活動雙腿。

吹 肚 肚

將嘴唇抵在肚子上面吐氣，寶寶的肚子會因此產生震動，發出「噗噗」的聲音。可能是這個聲音和肚子震動的感覺很有趣，許多寶寶會因此開心地笑。

吹 腳 掌

輕輕握住寶寶的腳踝，朝腳底吹氣。時而輕柔，時而試著以強到會發出聲音的力道來吹，這樣寶寶應該會覺得更開心。

黏緊緊

當寶寶心情好的時候，緊緊貼著他們的臉和身體，享受親密的相處時光。寶寶會因此感到安心，並且對父母產生愛與信任的感受。只不過，緊貼著嬰幼兒睡覺會有風險，請千萬別真的睡著了！

撲通撲通的心跳讓人好放鬆

以放鬆的姿勢抱著寶寶，讓他們盡可能貼著胸口聽見心跳聲。大人只要自然和緩地呼吸，寶寶也會莫名感到安心。和寶寶一同放鬆地享受親子時光吧！

在肌膚接觸下成長的心靈

能夠帶來安心感與安定感的親密時光，對於寶寶的心靈成長也有很大的影響。據說原本正在哭的寶寶只要被抱著就會停止哭泣，是因為分泌出被稱為「幸福荷爾蒙」的催產素的緣故。更有研究資料顯示，開始肌膚接觸約莫10分鐘，幸福荷爾蒙就會開始分泌，並且會持續分泌50分鐘左右。請透過每天的肌膚接觸，讓寶寶產生幸福感吧！不僅如此，也有人認為，只要大人也因為和寶寶肌膚接觸而感到幸福，就能預防產後憂鬱症的發生。

撫摸全身

洗完澡之後，可以溫柔且緩慢地撫摸寶寶的身體，幫寶寶做全身按摩。這樣能夠促進血液循環，肌膚也會暖呼呼的。由於還有放鬆的效果，寶寶說不定會睡得很沉呢！

頸部硬挺
的 時 期

脖子變硬之後,視覺、聽覺和手部運動也會慢慢地產生連動。像是會朝向發出聲音的方向、抓玩具放進口中或啃咬……等,請一邊注意安全,利用刺激感覺的遊戲幫助寶寶順利地成長發育吧!

首先從嘴巴開始！

遊戲
11

找出喜歡的東西～

等寶寶能張開握拳的手，
開始有握力了，
就讓他觸摸
各式各樣的東西吧♪

滑溜溜
軟眠眠
歡歡

身體　感覺　居家

遊戲重點

頸部硬挺了之後，寶寶會漸漸產生握力，而手是人的第二個大腦，因此請讓寶寶握住各種東西當作遊戲。透過手掌去感受冰涼、溫暖、柔軟、堅硬等各種觸感，也能帶給大腦一定程度的刺激。請準備放入口中也沒問題的物品，並且務必在大人的陪同下進行。

遊戲方法

讓寶寶握住球、毛巾、娃娃等各式各樣的素材，觀察其反應。如果握的時間很久，就表示寶寶喜歡那樣東西。請一邊跟寶寶說話，像是「你喜歡毛巾啊！」，一邊玩遊戲。

→ CARE POINT

準備放入口中也沒關係的物品！

嘴巴是這個時期的寶寶最重要的感覺器官，凡是拿在手裡的東西都會放入口中。但是各位知道嗎？寶寶在把東西送進嘴裡的過程中偶爾也會失敗，讓東西砸在臉上而嚇一跳！這類事情經常發生，因此請記得給寶寶容易抓握，而且掉在臉上也不用擔心的物品。

發出聲音的玩具

活動身體就會發出聲音！
多麼有趣的世界啊♪

玩具太重
也不太好！

嘎啪

嘎啪

嘎啪

身體　　感覺　　居家

遊戲重點

寶寶其實從胎兒時期就已經發展出聽覺，卻是在3個月大之後才會經由大腦開始對聲音產生認知。聽到有人呼喚自己就會露出高興的表情、出聲回應，或是把臉轉向聲音響起的方向……由於手腳的動作也漸漸活潑起來，不妨讓寶寶玩玩看使用身體的聲音遊戲。

遊戲方法

將毛巾布材質這類質地輕軟的沙鈴,輕輕地纏在寶寶的手或腳踝上。寶寶發現每當自己活動手腳就會發出聲音時,會不會覺得開心呢?

→ ARRANGE

幫忙活動手腳

寶寶很容易感到厭倦。所以當他們玩膩纏在身上的玩具,或是沒有發現玩具會響,大人可以稍微幫忙一下。抬起寶寶的雙腿,輕輕地互相敲打、發出聲音,並且一邊告訴他們「發出聲音了耶!」、「很好玩吧?」,教導他們應該怎麼玩。

拿得到玩具嗎？

> 拿不到好可憐……
> 這樣就馬上拿給寶寶是不行的！
> 這時候必須忍耐。

好想要，
好想拿到，
可是拿不到……

伸——長

身體　感覺　居家

遊戲重點

一旦發現寶寶試圖要拿看到的東西，就來挑戰看看這個需要花費一些努力才拿得到玩具的遊戲吧！伸長手拿東西這個動作，必須同時活動眼睛和手，是大腦逐漸發展成熟的證據。即使一開始無法順利拿到，多試幾次就能拿到這件事情會讓寶寶很開心，所以千萬不要立刻就把玩具交出去喔！

遊戲方法

拿著毛巾布材質、會發出聲音的沙鈴或布偶等，一邊說「在這裡喔～」讓寶寶產生興趣，一邊在寶寶好像可以抓得到的距離靜止，等待寶寶伸手觸碰玩具。

→ **CARE POINT**

發育的證明：「手眼協調」

寶寶到了3～4個月大時，會開始有盯著自己的手看的動作，而這稱為「手眼協調」。這個舉動代表著，寶寶能夠將自己的手視為身體的一部分了。一旦出現這個動作，就表示他們具備了「注視物體的能力」和「活動身體的能力」，之後將漸漸能玩會使用到玩具的遊戲。

※ 即使沒有出現盯著自己手看的動作，只要寶寶能夠控制自己的身體，就毋須擔心。

趴在身上
晃啊晃

爸爸這艘
令人安心的大船
也是寶寶的最愛！

不要晃到
讓人頭暈喔～

心　　身體　　感覺　　居家

遊戲重點

寶寶只要被抱著，體內就會分泌出「愛情荷爾蒙」催產素，使其產生信賴
他人、愛護他人的心情。這個催產素雖然又被稱為母性荷爾蒙，但其實研
究發現，男性育兒時催產素的分泌量也會增加。假日時，不妨多和寶寶親
密地同樂吧！

遊戲方法

仰躺在地上，讓寶寶趴在胸口，用雙手牢牢地支撐住寶寶的身體。邊說「哇～大浪打過來了～」，邊緩緩地左右搖晃身體。大人也能藉此鍛鍊肌力！

➡ ARRANGE

寶寶也能獨自鍛鍊♪

等到寶寶的脖子變硬、可以做出抬頭的舉動，就試著在俯臥的寶寶面前擺放他喜歡的玩具吧！寶寶說不定會因為想看眼前的玩具而長時間抬頭，這也算是一種自主訓練。

遊戲
15

大塊布也能玩遊戲

只要有一大塊布
就能玩各種遊戲♪

被包覆的感覺
令人安心♡

心　身體　感覺　居家

遊戲重點

寶寶每天都會透過看、聽、觸碰、放入口中等行為，接收到許許多多的刺激。這種行為的專業術語稱為「感覺」，寶寶會經由感覺不斷地去「了解」新事物，而這個布遊戲也是幫助寶寶進行探索的管道之一。在遊戲的過程中，寶寶會獲得「原來布的觸感很乾爽」、「布接觸到皮膚會癢癢的」這類資訊。

遊戲方法

準備床單等大塊的布。握著布的兩端輕柔地搧風、寬鬆地覆蓋住全身，或者是玩「沒有人沒有人，哇～」的遊戲。

⇥ ARRANGE

揮揮手帕

照顧寶寶時不可或缺的紗布手帕，也能成為遊戲道具。拿著寶寶熟悉的手帕，在他們面前揮舞，或是輕輕地覆蓋在他們臉上，等到寶寶可以拔河了……說不定他們會赫然發現，原來手帕不只是用來擦嘴的道具喔！

球球滾來滾去

寶寶的第一顆球，最好選擇柔軟好抓握、安全性高的款式♡

強～動

滾動

球球不要太小顆喔！

身體　感覺　居家

遊戲重點

滾動、追逐、伸手、抓住，然後放掉。球球遊戲有著其他遊戲所沒有的意外性，以及「追逐」這種體驗型的興奮感。當然，這點對於還不能動的寶寶而言亦然。寶寶會用視線去追滾動的球，並且伸手想要抓住。在追視的同時前後左右地活動脖子，也能訓練到頸部的肌肉。

遊戲方法

將直徑約 10cm、輕巧柔軟的球放在寶寶的肚子上，配合滾球的動作一邊說「滾啊滾，滾啊滾」，一邊以寶寶能夠追視的速度慢慢滾動。

→ ARRANGE

摸得到氣球嗎？

在寶寶的手勉強可以觸及的位置吊掛氣球。一旦寶寶伸手觸碰氣球，氣球就會微微晃動，然後又回到原本的位置，他們對這樣的動作很感興趣。只要事先在氣球外面蓋上布，即使氣球破了也不用擔心。另外，P.88〜89 也有使用氣球進行的實驗。

從腿上跳起來

因為彼此面對面，
所以一點都不可怕♪

好喜歡溫柔的
垂直搖晃

晃 晃 晃

心　　身體　　感覺　　居家

遊戲重點

等寶寶的脖子硬到豎抱時頭也不會晃來晃去，就來玩玩這個將寶寶放在腿上彈跳、非常受到他們喜愛的遊戲吧！因為會和信任的大人面對面，所以寶寶能夠安心地享受遊戲的樂趣。不過，請務必小心，不要劇烈地大幅度搖晃，也不要對頸部尚未硬挺的寶寶進行。

遊戲方法

讓寶寶面對面地坐在大腿上，用雙手牢牢撐住寶寶的兩側腋下，輕輕地上下移動。可以像騎馬一樣改變強弱程度，或是讓寶寶交替坐在左右的大腿上，為遊戲增添一些變化。

❗ 搖晃身體的幅度須避免過大。

➡ ARRANGE

手臂盪鞦韆♪

跪著將寶寶朝外抱著。讓寶寶的頭靠在你的胸口上，用手臂牢牢地支撐大腿，緩緩地左右搖晃。

➡ CARE POINT

揹著就睡著是因為？

寶寶似乎非常喜歡溫和的小幅度晃動。之所以經常在被人抱著或揹著時睡著，說不定也和這種小幅度晃動有關係！

換好尿布後的 伸展體操

伸展體操可以促進幸福荷爾蒙的分泌，也和提升運動機能、保持心情穩定有關。注意不要勉強彎曲或展開喔！

搓一搓～

搓一搓～

在**肚子**上**寫字**

將手掌放在寶寶的肚子上，像是用指尖寫出日文的「の」一樣，輕輕摩擦。平時如果有做這樣的按摩，寶寶體內就不容易累積太多氣體。只不過，請避免在吃飽的時候進行。

展**開雙手**

讓寶寶握住你的大拇指後，輕輕地包覆住他們的手或手腕。先讓寶寶的雙手合併於胸前，再緩緩地往左右展開。展開時務必緩慢、不要勉強，等到寶寶習慣了，就能將胸部整個打開。

萬

歲

併攏

抬抬雙腿

將大拇指抵在仰躺寶寶的腳掌上，溫柔地握住腳踝。輕輕抬起腳，讓兩個腳掌互相碰觸。

踢踢腳掌

把手貼在俯臥寶寶的腳掌上，輕輕地將雙腿往前推。假使寶寶開始有了力氣，就會用腳踢回來。這時肚子也會用到力，因此能夠幫助腸胃蠕動。

腳底按摩

溫柔地刺激腳底能夠促進健康的穴道。① 抓著腳趾根部，輕輕轉動後放掉。一根一根地按摩所有腳趾。②用大拇指的指腹，從腳踝往腳趾根部的方向按摩。

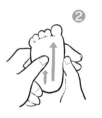
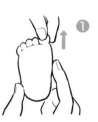

扭轉身體

等到寶寶開始會做出扭轉身體的動作，就讓仰躺的寶寶一隻腳交叉疊在另一腳上，並且用手掌撐住浮起來的臀部。這個體操也能幫助寶寶學習翻身。

會翻身
的時期

脖子變硬、腰部肌肉和神經也發育了以後，就差不多要進入會翻身的時期了。這時，寶寶也會獲得抬頭、滾動的自行移動能力，原本眼前只有天花板的世界，會變得四面八方都看得見，感興趣的事物也將隨之大增。

初次移動的目標是……

自己拿拿看

▶▶▶ 不喜歡老是同個方向！
要錯開位置，兼顧左右平衡喔♪
by 寶寶

 未免擺太多了吧……

身體　感覺　居家

遊戲重點

伸手獲得自己想要的東西，能讓寶寶發揮探究心並品嚐到成就感。有時，寶寶也會在延伸、扭轉、活動身體，試圖去拿取某樣東西的遊戲過程中，不知不覺變得很會翻身……物品如果放在遠到拿不到的位置，寶寶就會失去興趣，因此放在努力一下就能觸及的位置很重要。

遊 戲 方 法

在仰躺的寶寶附近擺放他喜歡的玩具。如果寶寶延伸身體，拿到了玩具，請記得要說「你好棒喔！」誇獎他。假使一點點地將距離拉遠，寶寶會有什麼反應呢？

⇥ CARE POINT

**脖子確實
變硬了嗎？**

接下來的遊戲請務必等寶寶脖子變硬了再進行。各位可透過右邊的3個重點，來確認頸部硬挺與否。

趴著摸得到嗎？

趴著抬頭雖然很辛苦，
不過只要視線前方有大人在，
寶寶就會感到安心♡

好遠……
好遠……
太遠了……

身體　　感覺　　居家

遊戲重點

假使寶寶不討厭趴著，並且能夠以手或手臂支撐上半身、讓雙腿延伸，那麼就試著加入俯臥遊戲吧！俯臥遊戲有促進寶寶頸部和肩膀肌肉發育的效果，更重要的是，可以體驗挑戰新事物的樂趣。只不過，過程中一定要有大人在旁邊陪伴。如果寶寶的頭垂下來了，那就不要勉強，讓寶寶回到仰臥吧。

遊戲方法

在俯臥的寶寶前方擺放他喜歡的玩具。如果寶寶伸手順利拿到了，請不吝惜給予讚美。接著，再次挑戰將玩具放到把手伸長一點就能觸及的位置！結果會是如何呢？

→ **ARRANGE**

將玩具擺在腳邊

請在寶寶仰躺時試著將玩具擺在他的腳邊。一旦寶寶發現用腳去踢玩具，玩具會動，他們就會因為好玩而試著一再活動雙腿。建議可以選擇踢了就會滾動或發出聲音等，會產生動作的玩具。

→ **CARE POINT**

俯臥遊戲的注意事項

在柔軟的棉被上玩俯臥遊戲會有窒息的風險。請在較硬的嬰兒被或毛毯上，或者是在榻榻米上進行。一開始請以5～10分鐘為標準，等到習慣了再慢慢延長時間。

在吊床上晃來晃去

玩吊床遊戲時，
要讓頭的位置
稍微高一點！

要輕柔
和緩地
慢慢搖晃喔！

晃～來

晃～去

心　　感覺　　居家

遊戲重點

吊床的舒適晃動，據說和寶寶在母親肚子裡感受到的晃動很相似，所以有帶給寶寶安心感、使心情平靜的效果。另外，用吊床溫柔地搖晃，還能訓練寶寶的平衡感。這種不同於平時的、輕飄飄的感覺，說不定也會讓寶寶迷上喔！

遊戲方法

2名大人合作抓緊床單的兩端，一邊視寶寶的狀況，一邊說著「搖啊搖～
搖啊搖～」溫柔地左右晃動。如果寶寶睡著了，就讓寶寶從臀部輕輕落
地。

❗ 切勿劇烈晃動。這個遊戲的目的，
自始至終都是為了讓寶寶放鬆。

⇒ ARRANGE

移動床單～♪

讓寶寶仰躺在床單上，抓著頭側的
兩端，然後溫柔地拉動床單，同時
避免頭的位置太高。途中，告訴寶
寶「要停下來囉～」，假使寶寶感
覺樂在其中，就緩緩地加入轉彎的
動作吧！

報紙演奏會

形狀改變好有趣。
會發出聲音好有趣。
把聲音化為語言
更有趣！

不要吃報紙！

嗯，住口

嗯

好好吃

身體　感覺　居家

遊 戲 重 點

會翻身了之後，寶寶只要聽到有人叫自己的名字就會轉頭、轉身，變得對日常的各種聲音很感興趣。請一邊撕報紙，或是將報紙攤開，一邊發出「啪！」、「砰！」的聲音給寶寶聽。只不過，寶寶很討厭突然發出的巨大聲響，出聲時請務必要在寶寶的正面進行。

遊戲方法

利用椅子或靠墊讓寶寶坐著,在其正面揉搓、攤開或撕破報紙。這時,發出「沙沙!」、「啪!」、「砰!」的聲音會更有效果。也可以讓寶寶握住報紙的一端撕看看。

→ ARRANGE

揉成一顆球

撕破的紙只要用大張的報紙包起來,再用膠帶固定,就會變身成一顆球。一邊說著「滾啊滾」,一邊享受滾球的樂趣吧!

→ CARE POINT

小心誤食

遊戲時,請千萬小心別讓寶寶將報紙放入口中。碎紙要徹底收拾乾淨。影印紙和薄紙因為會割手,所以不適合拿來玩。

好多擬聲擬態詞♪

有趣的聲音、奇怪的聲音、好玩的聲音，和奇妙的聲音。

一起來想像各式各樣的聲音吧！

塔啦～

有符合那個聲音嗎!?

咚

咚

咚

心　　感覺　　居家

遊戲重點

「蹦蹦跳跳」、「蓬鬆柔軟」、「刺刺的」，這類描述動作、物體的樣子、情景和心情的語詞，是所謂的「onomatopée」（擬聲詞、擬態詞）。實實能夠聽見比大人更多的聲音，而且和聽力無關，他們其實非常擅長憑感覺掌握聲音所擁有的意象。各位不妨多朗讀一些會出現擬聲擬態詞的繪本給寶寶聽，相信他們一定會非常開心。

遊戲方法

讓寶寶輕鬆安穩地坐在腿上，為他們朗讀動物的叫聲、有趣的形狀和圖畫等，會出現許多有趣擬聲詞和擬態詞的繪本。寶寶說不定會很喜歡色彩鮮明的繪本喔！

→ ARRANGE

尋找擬聲擬態詞

其實我們身邊也有許多可以用擬聲擬態詞來表現的東西。像是敲門時的「咚咚」聲，觸摸桌子時的「光滑」感，坐椅子時發出的「喀答喀答」聲，還有牆壁摸起來的「粗糙」感。請和寶寶一起探索各種擬聲擬態詞。

自製沙鈴
搖一搖

寶特瓶不僅輕巧、看得見內容物，又方便握取，非常適合作為寶寶的玩具！

不要跑到裡面喔！

身體　感覺　居家

遊戲重點

寶寶只要發現看似有趣的東西，就會伸手觸碰。是軟是硬？要用多少力氣才拿得起來？抓起來搖一搖，再換手用嘴巴確認。將眼睛所見、耳朵所聞、手所觸摸感覺到的資訊，在腦中慢慢地進行整合。請各位藉由這個遊戲，幫助寶寶在心中培養更多探問「這是什麼？」的好奇心。

遊戲方法

撕掉小寶特瓶（100ml）的標籤，洗乾淨後裝入色彩繽紛的毛球、串珠、米，或是會發出聲音的鈴鐺，這樣就完成自製沙鈴了。讓寶寶拿著搖一搖吧！

也能鍛鍊
抓握力喔♡

鈴鐺

毛球

吸管

❗ 請確實旋緊瓶蓋並用膠帶固定，
以免內容物跑出來。

⇥ ARRANGE

自製雪花球

在上面的自製沙鈴中，裝入比例為7：3的水和膠水，確實旋緊瓶蓋並用膠帶固定，這樣就完成了。請緩緩地搖動給寶寶看。也可以讓寶寶俯臥，在地上滾動寶特瓶。

搖搖

閃閃
發亮

亮晶晶
的耶
～!!

＼ 實驗目的 ／

當5～6個月大的寶寶第一次拿到沙鈴，無法立刻就知道要怎麼玩，但是從第二次開始，就知道要拿起來搖了。這就表示，寶寶擁有「記憶」已經「學習」過的事情的能力。於是，我調查了寶寶的記憶力能夠維持多久時間。各位也可以在家實驗看看！

實驗對象月齡	出生3個月之後 (但如果是3～4個月大的寶寶，間隔時間改為3～4天)。
準備物品	氣球、氣球用氦氣、質地光滑的緞帶4m左右 (每次皆使用相同的道具)。

＼ 開始實驗之前 ／

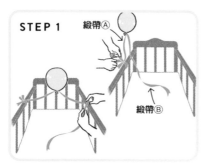

STEP 1
緞帶Ⓐ
緞帶Ⓑ

將緞帶裁成Ⓐ1m、Ⓑ2m、Ⓒ1m。把緞帶ⒶⒷ綁在氣球上，緞帶Ⓐ的末端固定在嬰兒床的柵欄上。讓緞帶Ⓑ的末端繞過柵欄一圈。

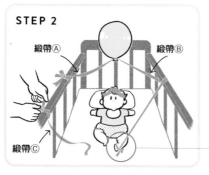

STEP 2
緞帶Ⓐ
緞帶Ⓑ
緞帶Ⓒ

由於緞帶Ⓑ要綁在寶寶的左腳踝上，因此要先確認緞帶能否順利地滑動，以及寶寶動的時候氣球會不會動。將要纏在寶寶右腳踝上的緞帶Ⓒ先綁在柵欄上。

在寶寶的腳踝上綁緞帶時，切記不要綁得太緊。

第1天

綴帶Ⓐ　綴帶Ⓑ

綴帶Ⓒ

❶ 讓寶寶躺在床上，觀察其行動3分鐘。

❷ 將綴帶ⒷⒸ綁在寶寶的腳踝上，觀察其腿部動作10分鐘。

❸ 解開綴帶ⒷⒸ，觀察3分鐘。

第2天

和第1天一樣，重複❶～❸。

假使寶寶記住「只要動腳，氣球就會動」這件事，應該會比第1天更頻繁地移動和氣球相連的腳。

13天後

不在寶寶的腳踝上綁緞帶，而由大人手動操控緞帶Ⓑ，拉動緞帶3分鐘給寶寶看。

這個動作具有喚醒寶寶「記憶」的功用。

14天後

和第1天一樣重複❶～❸，與第1天或第2天的動作比較。

可以將實驗情形錄製下來，以便比較。

解說

以6個月大的寶寶來說，14天後腳動得比第1天更加頻繁。也就是說，寶寶對於如何移動氣球的記憶維持了將近兩周。各位在家實驗時可以觀察看看，當使用不同顏色、形狀、大小的氣球時，寶寶是否也會動腳。

從腿上
跳高高

刺激寶寶的腳底，
讓寶寶搶先感受
站起來的感覺♪

好玩嗎？
真的
好玩嗎？

彈跳
彈跳

身體　感覺　居家

遊戲重點

寶寶在得到翻身這個移動手段之後，會開始出現主動想要自己做些什麼的
行為。寶寶會踢開身上的被子，也是因為覺得踢了被子就會掀開很有趣，
他們會透過這類動作，為爬行、站立、走路打好基礎。對於想要體驗變化
的積極型寶寶，建議可以嘗試會活動到全身的遊戲。

遊戲方法

將手伸入兩邊腋下支撐身體，讓寶寶站在大人的大腿上，在腳尖不懸空的情況下，輕輕地屈伸彈跳。最後一邊說「跳高高～跳高高～」，一邊讓寶寶從大腿上高高地躍起，享受高處的視野。

→ ARRANGE

登陸月球表面

這個遊戲可以滿足寶寶想要站立的慾望。在牢牢支撐住身體的狀態下，輕輕地讓他們降落在肚子、棉被、沙發上，透過腳尖的觸碰給予寶寶刺激。移動時，要讓寶寶像在空中游泳一般滑呀滑！

拿得到腳上的手帕嗎?

靠自己拿到的感覺真開心。
所以,這個遊戲總是讓人
不小心一玩再玩♪

即使拿不到,
模樣還是
很可愛!

扭動
扭動
扭動

身體　　感覺　　居家

▌▌ 遊戲重點

仰臥著抓住自己的腳來舔,或是把自己的腳趾放入口中的動作,經常可以在會翻身和會爬行的寶寶身上見到。這是在P.63介紹過的手眼協調的足部版本,是寶寶為了確認偶然出現在那裡的腳「到底是什麼?」,進而對自己的腳產生認知的行為。一旦發現寶寶有抓住自己的腳或放入口中的動作,就可以來挑戰看看這個遊戲。

遊戲方法

當寶寶仰臥著抬起雙腿時,將紗布手帕放在他們的腳上,由大人拿起手帕一次給寶寶看。接著再次把手帕放在腳上,催促寶寶「你拿得到嗎?」。假使寶寶拿到手帕了,便說「你自己一個人拿到了耶!」、「你好棒!」給予他們讚美,然後多重複幾次這個遊戲。

-▶ ARRANGE

拿開手帕!

這一次,換成請寶寶幫忙把放在大人手上或頭上的手帕拿開。跟寶寶說「可以幫我拿走嗎?」,如果寶寶做到了,就笑瞇瞇地向他們道謝。

-▶ CARE POINT

左撇子
需要矯正嗎?

人的慣用手之所以會有左撇子和右撇子的分別,是源於大腦與生俱來的特質。即使加以矯正還是很難連大腦的側化傾向也一起改變,因此沒必要勉強改掉。

外出
悠閒地
散步 ♡

避免長時間和過多的人潮，
和寶寶一起享受散步的樂趣♪

外面有好多
家裡沒有的東西呢♡

心	感覺	戶外

遊戲重點

挑一個溫暖的好天氣，去享受散步的樂趣吧！一周安排2～3天的散步行程，可以讓寶寶和大人都有種煥然一新的感覺。接觸戶外空氣能夠讓寶寶產生體溫調節的能力，據說還有幫助熟睡的效果。適合散步的氣溫為20～25度。建議時間為春、秋季的10點～14點，夏季的8點30分～10點或17點過後。另外，也別忘了做好防禦紫外線的準備，夏天的傍晚則要做好防蟲對策！

※台灣的氣候與日本不同，春秋兩季請視日照與氣溫等調整外出時間。

遊戲方法

不用走太遠，即使只是在家的周圍慢慢地走，對寶寶來說也是一場大冒險。「有狗狗耶！」、「紅色鬱金香開花了」可以像這樣邊走邊跟寶寶說話，共享沿途欣賞到的景色和心情。

→ **ARRANGE**

刺激五感，
培養好奇心

炎熱、寒冷、河水流動聲和鳥鳴等等，寶寶會透過散步接收到許多資訊。請和他們一起悠哉地散步，給予感官大量的刺激。

→ **CARE POINT**

心情不好時
就不要勉強

散步的目的是為了提振精神。假使寶寶的心情或大人的身體狀況不佳，就放寬心，改天再去吧！

寶寶的最愛！
「沒有人沒有人，哇～」 的各種變化

寶寶會在玩「沒有人沒有人，哇～」這個遊戲時大笑，是因為具有短期記憶力，開始能做出「剛才是這樣」、「接下來說不定會這樣」的預測。

用手手「哇～」

在寶寶的正面叫他的名字，然後用手遮臉，說完「沒有人沒有人，哇～」之後露臉微笑。「哇～」的時候，可以試著裝出各種怪表情，寶寶的反應也許會隨著大人的表情而有所不同！

沒有人沒有人～

哇～

呀呀！

在「哇～」的時候加入變化!!

沒有人沒有人～

期待

興奮

乖兒子會學我那麼做嗎？

用手帕「哇～」

一開始先由大人拿著手帕，重複幾次「沒有人沒有人，哇～」之後，再試著讓寶寶拿手帕，看看他們會不會模仿。

用**鏡子**「哇～」

抱著寶寶站在鏡子前面，說「是小寶寶耶」。然後邊說著「沒有人沒有人」邊躲起來，「哇～」的時候又出現在鏡子前。寶寶雖然要到1歲左右才會發現鏡子裡的是自己，不過見到正在笑的自己出現在鏡子裡，也會漸漸明白鏡子是什麼樣的東西。

用**布偶**「哇～」

拿著寶寶喜歡的布偶或手偶，玩「沒有人沒有人，哇～」的遊戲。好了，這下寶寶的注意力會放在布偶上，還是出聲說「沒有人沒有人，哇～」的大人身上呢？

用**棉被**「哇～」

寶寶也很喜歡用棉被玩「沒有人沒有人，哇～」的遊戲。不妨試著出乎寶寶以為「要出來了」的預期，時而延長、時而縮短說出「哇～」的時間，為遊戲增添變化。

用**窗簾**「哇～」

等到寶寶會坐了，就是窗簾表現的時候了。寶寶會自己拉動窗簾遮住身體，然後「哇～」。因為覺得把臉探出來很好玩，還會一再重複這個動作。

會坐
的 時 期

一開始只能圓著背以手撐地、呈現「鴨子坐姿」的寶寶，經過
1～2個月之後，隨著背部肌肉變強壯，也逐漸能夠穩定地坐
著了。由於不再需要用雙手撐地，建議可以嘗試一些需要用到
手指的遊戲。

寶寶的 最愛 ♡ 面紙遊戲

一拉就會接連跑出來的面紙，
是能夠讓寶寶玩得開心的
便宜玩具！

唔？只有一個！？
虧我還期待
會有無限多⋯⋯

感覺　　居家

遊戲重點

好奇心旺盛的寶寶會把任何東西都當成玩具。在這個時期，特別令他們感興趣的就是面紙。質地輕巧又能輕易變形，而且一拉就會跑出來，這些看在寶寶眼裡大概很有魅力吧（雖然大人會覺得很傷腦筋⋯⋯）。即使在面紙盒裡改放布，寶寶也會不屑一顧。只要沒有放進嘴裡吃的危險，就讓他們盡量去玩面紙吧！

遊戲方法

假使寶寶對面紙感興趣，一開始請先觀察情況，如果發現寶寶會把面紙放入口中，務必要出聲提醒。等到盒子裡的面紙都抽完了，請將面紙折整齊，這次只放幾張到盒子裡。如此一來，寶寶就可以重複玩了。

→ CARE POINT

面紙放著不收是NG行為

大人不在時，務必要將面紙放在寶寶拿不到的地方。抽出來的面紙只要裝進乾淨的袋子裡，就能重複用來打掃。

→ ARRANGE

拉玩具

如果寶寶喜歡玩拉扯遊戲，可以試著在玩具上綁繩子，玩拉玩具的遊戲。一開始先由大人幫忙拉，之後寶寶就會慢慢懂得如何調節拉扯的力道。

好多有趣
的聲音♪

一敲就會發出聲音。
這不僅是一大發現，
也是一種遊戲！

又搖又敲
真開心 ♡

感覺　　居家

 遊戲重點

這個時期的寶寶也會開始對音樂產生反應。只要聽到喜歡的聲音就會轉身，遇到電視廣告或節目主題曲切換時也會赫然抬頭……如果覺得寶寶開始對聲音感興趣了，那就試著來玩聲音遊戲吧！不必特地購買樂器，只要活用身邊的物品就可以玩。請多讓寶寶接觸愉快又有趣的聲音。

遊戲方法

配合歌曲的曲調，拍手打節奏。如果寶寶啪啪啪地拍手了，記得要多多給予讚美。假使寶寶不會自己拍手，可以握著他的手，和他一起打拍子。歌曲最好選擇童謠等開朗、簡短的曲子。另外，也很推薦拿起鈴鼓或沙鈴來一場演奏會。

→ ARRANGE

太鼓音樂會

像是奶粉罐、紙箱等等，排放幾個家裡現有、沒有危險性的空箱，敲出砰砰砰的聲響。一開始請務必由大人示範怎麼做。此外，也可以把寶特瓶當成鼓棒敲打，嘗試加入一些變化。

滾球球

球球又圓又柔軟，
即使力氣很小也能輕易滾動，
非常適合寶寶來玩♪

不知道會滾去
哪裡這一點
也很有趣！

身體　　感覺　　居家

遊戲重點

試著給寶寶一顆較大的球，和一顆可以拿在手上的小球。像是雙手抱著球用嘴巴確認、將大小兩顆球排在一起、握住了又放開、伸長身體試圖去拿滾走的球，或是試著扔球……（雖然寶寶當然還無法真的投擲）。如果寶寶開始主動找出玩球的方法，就溫柔地在一旁守護吧！

遊戲方法

準備一大一小兩顆球。首先滾動大球,過一陣子後滾動小球,看看寶寶喜歡哪顆球。如果寶寶開始自己玩球,就從旁觀察他的遊戲情形。

→ ARRANGE

球球在哪裡?

當寶寶稍微長大一點,變得很會爬行了,球球遊戲也會變得有動感起來。只要邊說「那裡有球球喔!」邊指著球,就會看見寶寶爬向球球玩耍的模樣。

滾來滾去
摸玩具

只要動起來就能拿到玩具，真開心！所以我要一直滾來滾去！

by 寶寶

如果空間夠大，就能一直不停滾下去……

身體　　感覺　　居家

遊戲重點

有很多寶寶即使會坐了，還是只能用翻身的方式來移動。翻身移動其實也是寶寶表現「想要活動」這種慾望的方式。「如果總是藉由翻身來移動，會不會學不會其他移動方式呢？」這樣的擔心是多餘了。寶寶會隨著成長學會各式各樣的動作，所以就儘管讓他們以這個時期能夠做到的移動方式去玩吧！

遊戲方法

找一個沒有高低落差的安全場所，在離寶寶稍遠的位置放他喜歡的玩具。一開始先由大人滾過去觸摸。假使寶寶也跟著滾過去摸玩具了，就把玩具放到相反側，挑戰反向滾動吧！

❗ 務必小心，避免發生撞傷、跌落的意外。

→ ARRANGE

飛機飛得起來嗎？

假使寶寶玩膩滾來滾去了，就來嘗試動感的全身性運動。大人仰臥著讓寶寶俯臥在腿上，然後扶著寶寶的身體做出飛機的姿勢。抬頭延伸背脊的姿勢，說不定能為站姿建立基礎喔！順道一提，這個遊戲對大人而言也相當有運動效果。

「飛高高」解禁！

這是能夠幫助寶寶培養平衡感的全身性運動，而且非常刺激！

不怕嗎？
覺得很好玩？

身體　感覺　居家

遊戲重點

等寶寶超過6個月大、頸部變硬挺了，就可以來玩「飛高高」的遊戲。連原本哭鬧不休的寶寶，也會瞬間心情變好的「飛高高」，據說是因為視角改變、身體浮在半空中的感覺很好玩的緣故。話雖如此，由於寶寶的大腦和身體都還在成長階段，因此嚴禁做出過於激烈的動作。舉起的速度不要太快，動作請務必輕柔和緩。

遊戲方法

一開始，由大人蹲著撐住寶寶的兩邊腋下，做出小小的「飛高高」。如果寶寶不害怕，反而還很開心的樣子，就可以牢牢撐住兩邊腋下，緩緩地舉到頭頂上方的位置，做出大大的「飛高高」。下降時速度要緩慢。

⇥ ARRANGE

微動態的遊戲

如果寶寶不敢玩較劇烈的「飛高高」，那麼可以讓寶寶坐在腿上，抱著他上下震動，玩搭電車的遊戲；或是將腿往斜下方伸直，扶著寶寶的身體讓他滑下去，進行這種比較溫和的遊戲。

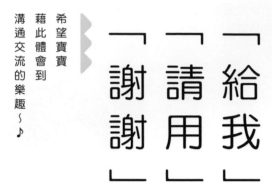

「給我」、

「請用」、

「謝謝」

希望寶寶
藉此體會到
溝通交流的樂趣～♪

給你
我滿滿的心意♡

心　　感覺　　居家

遊戲重點

等到能夠坐穩之後，寶寶會開始產生當大人說「那邊有玩具喔！」，就會和其他人一樣將注意力轉向該物體（或某個人物）的「共享式注意力」。這是寶寶理解他人的心情、想法，以及發展語言能力的基礎。如果寶寶產生了共享式注意力，就來玩玩看「給我」、「請用」、「謝謝」的遊戲吧！

遊戲方法

在寶寶正在玩玩具時，雙手合掌說「給我」，向寶寶提出請求。如果寶寶交出玩具，請記得說聲「謝謝」。之後再說「請用」，把玩具還給寶寶。

→ ARRANGE

會把最愛的點心
給別人嗎？

當寶寶的面前有他最愛的點心時，對他說「給我好不好？」，然後張嘴觀察他的反應。不想把最愛的點心給別人的心情，和想把點心放進口中看看的心情……究竟哪一邊會獲勝呢？

讓會坐
時期的日常
更有趣

能夠模仿
大人的動作嗎？

一切都是初體驗的寶寶，會透過模仿周遭其他人的行動慢慢學習新事物。多多讓寶寶模仿大人吧！

會模仿表情嗎？

一邊說「微笑」、「嚇一跳」、「扮鬼臉」，一邊做出各種表情。

吐舌頭

上下、左右移動舌頭，發出「ㄌㄩㄝ」的滑稽聲音。

模仿寶寶的語言

這一次，換成由大人來模仿寶寶所發出的「答答答」、「雷～」、「投投」等呢喃語。寶寶會因為自己的語言被模仿，對自己的聲音產生認知。

噗噗嘴唇

噘起嘴唇，吐氣使其震動。一邊用嘴唇發出
「噗噗噗噗～」的聲音，一邊跟著音樂哼唱
或對話。大人玩得很開心的樣子，會讓寶寶
也想跟著模仿。

你好，再見！

挑戰模仿布偶而不是人。拿著布偶或手偶，點
頭說「你好」，然後揮手說「再見」。

好厲害的**模仿能力**！

等到寶寶能夠坐穩之後，重現眼睛所
見動作的模仿能力也會開始發展。雖
然還無法理解「嘴巴張開」這句話的
意思，但是只要把湯匙拿到寶寶的嘴
巴前面，然後張口說「啊～」，他們
就會模仿大人的動作把嘴巴張開。寶
寶就是像這樣從大人的行動中，漸漸
理解語言的含意。反覆進行有助於理
解語言的模仿遊戲，如果寶寶會模
仿，記得要多多給予讚美喔！

加上身體的動作

像是鼓掌說「好棒」，舉起雙手說「萬歲～」，或是
輕輕拍頭說「拍拍腦袋」，試著在說話的同時加入
動作。

會爬行

的 時 期

寶寶在得到爬行這個移動手段之後,行動範圍會愈來愈
廣。不僅會對遠處的東西感興趣,運動機能和探索意願也
會提升,還會自己去想去的地方、抓起東西自己一個人
玩。

第一次玩積木

一敲打就會發出聲音，積木好有趣喔……♪

玩法不止一種！

身體　感覺　居家

遊戲重點

等到寶寶的手指發育得更成熟，就會變得很會抓握物品。雖然還無法玩堆疊積木的遊戲，但是已經會抓起積木用嘴巴確認，或是敲打地板、互敲兩隻手中的積木，弄垮堆好的積木等等。敲響積木、把積木推倒也是遊戲的一種，儘管多少會有點吵，還是請各位耐心地從旁守護。

遊戲方法

讓寶寶兩手都拿著積木，說不定會看到他叩叩叩地互敲手中的積木喔！雙手同時動作是很困難的事情，一開始請由大人示範給寶寶看。

⇥ ARRANGE

推倒積木

寶寶雖然還不會堆積木，卻會弄垮堆好的積木。他們會透過反覆地將大人堆好的積木弄垮，漸漸產生想要自己堆積木的念頭。因此，推倒積木堪稱是堆積木的第一步。

追逐遊戲

偶爾可以邊說
「等等～」邊追寶寶，
然後抱緊寶寶說「抓到你了～」♪

拜託不要
一臉認真地追我……
有點恐怖耶！

嘿嘿嘿嘿

嘿嘿

身體　　感覺　　居家

遊戲重點

有人說，寶寶只要全身肌肉發達，手腳能夠分別活動了之後，就會開始爬行，但其實還需要另一項能力，那就是「掌握深度」。美國發展心理學家詹姆斯・吉布森（James Jerome Gibson）認為，大多數寶寶在出生後 6 個月就會擁有深度知覺，能夠藉由爬行前進。爬行方式反映了寶寶的發展模式，請各位多多觀察這個時期的爬行狀況。

遊戲方法

從正在爬行的寶寶後面，邊說「等等～」、「我要抓到你了」，邊配合寶寶的速度追上去。覺得被追趕很好玩的寶寶，只要沒有聽到大人的聲音就會轉頭確認。這時，大人就再說「等等～」、繼續追趕。

→ ARRANGE

過來這邊

拿著寶寶喜歡的玩具，從稍遠處呼喚「過來這邊」。只要讓玩具的位置比寶寶的視線高一點，爬行的姿勢就會十分穩定。

→ CARE POINT

千差萬別的爬行方式

寶寶的爬行方式其實五花八門，不同的發育情況會造就出各式各樣的爬行方式。其中，也有的寶寶會跳過爬行，直接就站立了。

爬呀爬呀
過山洞

穿越的時候，
跟寶寶說「請減速慢行」
也很有趣！

小精靈
會變形！

身體　　感覺　　居家

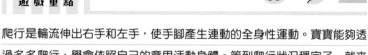

遊戲重點

爬行是輪流伸出右手和左手，使手腳產生連動的全身性運動。寶寶能夠透過多多爬行，學會依照自己的意思活動身體。等到爬行狀況穩定了，就來挑戰過山洞的遊戲吧！在不撞到的情況下穿越山洞這個障礙物，可以讓寶寶理解與人或物體之間的距離感。

遊戲方法

一開始，請跟寶寶一起爬行。之後跟寶寶說「我是山洞～」，用身體做出一個拱門，覆蓋在寶寶上方。等到寶寶成功穿越隧道好幾次之後，就可以邊說「糟糕！好像要垮了」邊晃動身體，或是說「垮下來了」並抱緊寶寶，為遊戲增添變化。

→ ARRANGE

山洞的變化版 利用身體做出各式各樣的山洞，讓寶寶穿越。寶寶有辦法穿越高度和寬度都不同的山洞嗎？

站姿山洞

單跪姿山洞

坐姿屈膝山洞

坐紙箱
兜風去

一下可以搭乘，
一下又可以鑽過去！
形狀多變的紙箱
有好多不同的玩法。

兜風時
務必要
安全駕駛喔！

身體　　感覺　　居家

遊戲重點

只要有一個紙箱，就能拿來玩各式各樣的遊戲。像是把紙箱當成車子來兜風、做成隧道鑽過去，或是折疊起來做成斜坡……其中，把寶寶裝進箱子裡推著走的兜風遊戲最受歡迎，而且不只是會爬行的時期，即使到了1、2歲還是可以玩這個遊戲（不過大人的負擔會變得很重就是了……）。

遊戲方法

讓寶寶坐進堅固的紙箱中，由大人發出「噗噗～」的聲音，以寶寶喜歡的速度兜風。也可以在途中放置布偶，說著「要停車了～」、「小熊先生要上車～」讓布偶搭車。

❗ 請先確認紙箱內沒有危險的金屬零件再進行遊戲。

→ ARRANGE

隧道和斜坡

紙箱做成的隧道，觸感和地板不同，會讓遊戲變得更加真實。不僅如此，把紙箱折疊起來架在台子上，還能做成可爬上爬下的運動器材，進一步提升寶寶的運動量喔！

做成斜坡

做成隧道

紙張
撕碎碎！

說不定遊戲結束後，
還能順便請寶寶幫忙收拾!?

身體　感覺　居家

遊戲重點

一旦捏、扯的動作做得愈來愈得心應手，扔掉和放開手中物品的動作也會
變得很流暢。事實上，「放開東西」的動作比「抓、捏」更難。假使寶寶
開始經常扔東西，請記得不要加以責備，要將其視為成長的證明。如果能
夠控制放手的力量，寶寶也會變得很會堆積木喔！

遊戲方法

將不要的傳單或報紙撕破，扔進紙箱等箱子或大塑膠袋中。這個遊戲可以享受撕紙的樂趣和撕紙時的聲音，還能練習撿起碎紙扔進箱子裡。

撿起來……

撕破……

唰

扔!!

→ **CARE POINT**

撕紙遊戲

撕紙遊戲需要做出轉動手腕的動作，就連2歲的寶寶也會覺得很困難。撕的動作請由大人幫忙代勞，最好還能同時搭配「唰唰～」的配音。

→ **ARRANGE**

洗衣夾遊戲

只要把洗衣夾和籃子交給寶寶，他們就會開始一個人玩起放進去、拿出來的遊戲……請從旁欣賞孩子專注的模樣，最後再一起收拾吧。

全神

專注

猜猜看是哪隻手？

比起答對與否，
覺得不可思議的感覺
才是最重要的♪

感覺　　居家

遊戲重點

寶寶大約6個月大之後，就會開始產生短期的記憶。在此之前，如果藏起眼前的玩具，寶寶只會感覺到「東西不見了」，然而，如今開始會有「現在沒有，可是剛才還有」、「雖然藏起來了，東西還是在那裡」的認知。只要問寶寶「在哪隻手裡呢？」，即使一開始只會注視，但是隨著月齡增長，寶寶會開始伸出手來回答。當然，就算答錯了還是很可愛。

遊 戲 方 法

準備大小可放入手掌的柔軟玩具，當著寶寶的面藏在一隻手中，然後問「在哪隻手裡呢？」，如此，寶寶便會試圖打開其中一隻手掌。要是答對了，就稱讚他「猜中了～你好厲害喔！」；假如答錯了，就用開朗的語氣說「好可惜～是這邊才對～」。

-▶ **A R R A N G E**

裡面有什麼呢♪

在有蓋子的箱子或淘汰不用的鍋子裡放入玩具，一邊說「裡面有什麼呢～」來提升寶寶的期待感。接著打開蓋子，說「是○○耶～」把東西拿出來。然後，一邊說「我要把東西變不見囉～」，一邊把拿出來的東西放回去並蓋上蓋子。像這樣玩東西一下子不見、一下子又出現的遊戲。

\ 實驗目的 /

即使大人用布蓋住眼前的玩具，讓寶寶看不見，玩具依舊還是在原地（物體恆存概念）。而這個實驗的用意，就是在測試寶寶是否理解這個道理。假使寶寶能夠拿取眼前被遮住的玩具，就表示他們理解這一點。

實驗對象	月齡 9～12 個月大（只要寶寶會伸手拿取放在眼前的手帕就OK）。
準備物品	顏色和大小相同的手帕（或是毛巾）2條。大小可用手帕或毛巾遮住的玩具。

\ 實驗開始！ /

將2條手帕並排放在桌上。

STEP 1

事先讓兩者隆起。

↓

在寶寶的注視下，用其中一條手帕藏起玩具。

STEP 2

STEP 5

接過寶寶手中的玩具，說「再來一次喔！」，這次將玩具藏在和步驟2不同的另一條手帕底下。

STEP 3

詢問寶寶「哪一邊有玩具呢？」。

STEP 6

要從哪邊
開始找呢？

好了，寶寶究竟會從哪一條手帕開始找呢？

STEP 4

如果寶寶掀開手帕，拿到了藏起來的玩具，就大力地給予讚賞，然後繼續進行下一個步驟。

解說

以9個月大的寶寶進行實驗，結果發現寶寶在一開始的步驟4，可以成功地拿到藏起來的玩具，可是在最後的步驟6，卻會從和步驟4相同的手帕開始找起。明明有親眼看到玩具被藏起來，為何還會發生這種錯誤呢？關於這一點，目前雖然還沒有一個明確的解釋，不過或許這個月齡的寶寶不像大人那樣，具有東西即使被藏起來但依然存在的概念。

會扶站
的 時 期

隨著爬行速度加快、身上開始長出肌肉，有些孩子不只會扶
站，甚至還會扶著東西走路。這個時期的寶寶，因為會想爬上
椅子或樓梯，而且什麼都想摸摸看，所以必須時時都在身邊看
顧才行。當寶寶欲做出危險行為，請用凶巴巴的表情嚴厲斥責
「不可以！」。

終於會扶站了，可是……

某一天

另一天

然後

實寶用自己的腳站起來了！

本來就是正常人一樣！

像正常人一樣！

……咦？

哇～終於扶站成功了！

嘿！嘿！

喔！

啪擦

啪擦

成長果然得一步步慢慢來。

好像一鼓作氣爬到樹上卻下不來的貓咪喔。

人家下不去喔～

咚！

該不會因為沒辦法自己坐下，在傷腦筋吧！？

啊嗯呀呀呀呀呀呀呀呀！

抖

抖

抖

爬到背上吧♪

大人可以休息，
寶寶也能玩得開心的
互動遊戲。

這個肚子是
富士山嗎？

扭動　扭動

心　　身體　　感覺　　居家

遊戲重點

這個時期的寶寶最喜歡爬上爬下了。只要是跪著手可以觸碰到的高度，就會立刻想要爬上去。下來時，寶寶會背部朝外，如果腳可以碰到地板就能順利下來，但若是碰不到則會哭著求救。此時，建議各位可以嘗試這個遊戲。因為會碰到大人的身體，不僅能帶給寶寶安全感，也能盡情地活動，對他們來說是非常輕鬆好玩的遊戲。

遊戲方法

大人坐著或躺在地板上，對寶寶而言是很有吸引力的障礙物，請盡量讓寶寶在各位身上攀爬。只要一下趴著、一下側躺，就可以變換高度。

-> ARRANGE

墊子山

將墊子捲起來，製造高度。假使寶寶對於要不要攀爬感到猶豫，可以降低高低差，並且說「你能爬到這裡嗎？」給予鼓勵。為避免寶寶滾到旁邊受傷，請事先將四周收拾乾淨。

搖搖晃晃
捉迷藏

這個時期的寶寶容易受傷和誤食，
安全方面需要謹慎小心！

現在正在
扶走喔！

身體　　感覺　　居家

遊戲重點

寶寶習慣扶站之後，就會開始扶著東西走路，藉由扶著東西走路來鍛鍊下肢的肌力和平衡感，為之後的走路做準備。如果寶寶感覺很喜歡扶著東西走路，那麼可以利用他們手碰得到的桌子，試著玩他們喜歡的玩具或捉迷藏。這時切勿心急，請依照寶寶的步調進行遊戲。

遊戲方法

當寶寶扶著桌子站立時，一邊晃動玩具一邊跟寶寶說「過來這邊～」。想玩玩具的寶寶會扶著桌子，搖搖晃晃地追過來。一開始請在近處，等到習慣了再從比較遠的地方呼喚寶寶。不過，請千萬不要勉強寶寶喔！

→ **ARRANGE**

推著紙箱走路

準備高度合適的紙箱，一開始大人先和寶寶一起推，讓寶寶體驗步行的樂趣及重心轉移的感覺。由於箱子太輕會往前倒，請記得在箱內放入玩具。

→ **CARE POINT**

不能坐螃蟹車嗎？

有人認為，螃蟹車會使寶寶因爬行而日漸成熟的呼吸器官和肌力不再發育，所以不應該使用。但是目前已知，使用螃蟹車能幫助寶寶發展出掌握空間的能力，因此關鍵完全在於如何從中取得平衡。

最～喜歡
聽音樂了♡

讓寶寶聆聽各種音樂，
說不定可以發掘出
他們的喜好！

聽音樂
好開心♪

心　　感覺　　居家

到了這個時期，許多寶寶會隨著音樂擺動身體或拍手，對音樂表現出反應。這證明寶寶的感覺器官受到了音樂的刺激，並且將其視為舒服的聲音。聆聽各式各樣的音樂，能夠加深寶寶對於聲音、歌詞詞彙的理解，所以建議各位不妨讓寶寶多多接觸各種音樂。

遊 戲 方 法

假使寶寶隨著音樂打節拍，就對他說「好棒喔！」、「好好玩！」，並且一起拍手、晃動身體。這會讓寶寶心情愉悅，對聲音也愈來愈感興趣。

-▶ ARRANGE

一起跳舞！

如果寶寶會隨著節奏擺動身體，就試著和他們一起跳舞吧！可愛的動作能夠達到全身運動的效果，但是請注意不要把寶寶的手舉得太高。

-▶ CARE POINT

電視與寶寶

有許多寶寶會對電視發出的音樂和影像產生反應。在今後的時代，電視和影片將成為人們生活中無法切割的一部分。與其不讓寶寶看，或許選擇適度地陪同觀賞比較實際!?

撕膠帶
遊戲

將寶寶撕下的膠帶
再貼回去，
這樣就能無止盡地玩了♪

撕膠帶時
請溫柔一點

身體　　感覺　　居家

遊戲重點

等到寶寶會用大拇指和食指捏起小東西之後，就可以使用紙膠帶或貼紙，
玩玩看這種捏住然後拉扯的遊戲。重點在於，大人要幫忙反折膠帶或貼紙
的末端，以方便寶寶捏住，並且降低黏著力好讓他們可以輕易地撕下來。
另外，也請特別小心，別讓寶寶將撕下的膠帶放入口中。

遊戲方法

在打掃乾淨的地板上到處黏貼紙、膠帶，玩撕下來的遊戲。每當寶寶撕下一片貼紙或膠帶就接過來，然後指著別處，示意寶寶繼續撕地板上的貼紙、膠帶。

膠帶的貼法

反折

黏貼面

⇥ ARRANGE 1

高處也撕得到嗎？

不只是地板，像是家具、衣服等等，只要將膠帶貼在高一點的位置，便能促使寶寶扶著東西站立或走路。

⇥ ARRANGE 2

爬向彩色膠帶

使用色彩繽紛的膠帶，就可以對寶寶說「爬到紅色膠帶那裡。預備～開始！」，像這樣當成爬行比賽的標誌，也能幫助寶寶記住顏色的名稱。

把沙包放進桶子裡♪

沙包不只能玩
拋接遊戲喔！

要選擇
容易抓握
的尺寸！

感覺　　居家

遊戲重點

各位是否覺得沙包是古早的童玩呢？事實上，沙包可以刺激並鍛鍊指尖和視覺的感覺，進而激發出理解立體的能力、數字掌握能力等，寶寶所擁有的各種能力，是一種非常棒的遊戲道具。好握好放，又可以堆疊，打到了也不會痛。一開始最好先減少沙包的內容物。

遊戲方法

準備2個顏色不同的桶子。在其中一個桶子中放入數個沙包，一開始先由大人將沙包一個一個移到另一個桶子中。雖然只是從一個桶子放入另一個桶子，有些孩子卻能熱中地玩上好長一段時間！

①握！

②扔！

➡ **A R R A N G E**

沙包塔

讓寶寶玩堆疊沙包的遊戲，如果他們無法順利堆起，就由大人幫忙堆疊再讓他們將沙包塔弄倒，這樣寶寶也會玩得很開心。

➡ **C A R E P O I N T**

不要讓沙包的內容物跑出來！

自製沙包時，裡面的紅豆要準備30～40g，並且要以熱水消毒、乾燥數次之後再放入，以免長蟲。請確實縫牢以防內容物跑出來。

模仿
打電話

能夠看到寶寶將話筒
擺在奇怪位置的可愛模樣，
也是這個時期獨有的樂趣♪

用形狀類似
的東西
會更好玩喔！

心　　感覺　　居家

遊戲重點

寶寶會仔細觀察大人的日常舉止，所以有時會做出大人沒有教過的事情。
等他們會做的事情變多了，就來玩「打電話」或「下午茶」遊戲吧！將道
具交給寶寶之後，他們會有什麼舉動呢？當然，即使不會模仿也沒關係，
就一邊跟寶寶說話一邊玩下去吧！

遊戲方法

把空盒子當成手機讓寶寶拿著,然後放在耳邊,「喂?是○○嗎?」地說話。假使寶寶感覺很困惑,就「嘟嚕嚕嚕~」地模仿平常使用的來電鈴聲,說句「啊,電話來了!」,然後把空盒貼在寶寶耳朵旁,輕鬆地和他們開心對話。

⇒ ARRANGE

下午茶遊戲

使用玩具餐具來玩扮家家酒吧!由大人說「來,請用」將杯子交給寶寶,假裝和他們一起飲用。建議可以多跟寶寶說「真好喝」、「要再來一杯嗎?」之類的對話,享受優雅下午茶的樂趣。

換衣服
真好玩♪

把褲子當成電車，
或是從衣服領口窺視。
只要花一點功夫，
換衣服也能成為遊戲！

我好喜歡
這件衣服♡

心　　感覺　　居家

遊戲重點

寶寶會討厭換衣服，有時是因為覺得衣服刺刺的或是很緊，有時則是因為想睡覺、還有事情想做等等，理由五花八門。在寶寶不想換衣服時勉強他們，只會讓他們更加不開心。這時，就把換衣服當成遊戲來玩吧！當換衣服時間變成了能夠和大人互動的歡樂時光，寶寶說不定會主動想要換衣服喔！

遊戲
45

遊戲方法

從要換的衣服領口「鏘～」地窺視，和寶寶四目相接，然後「嘿咻」地套在他們頭上，等到頭露出來了，再發出「哇～」的聲音。讓手臂穿過袖子時，可以加上「咻嚕嚕～」的音效。結束後，別忘了說「你好棒，換好衣服了耶！」給予稱讚。

⇥ **CARE POINT**

站著換衣服

有些寶寶自從會扶站之後，會突然變得不喜歡換尿布。這種情形，有可能是因為討厭躺著換尿布造成的。若是改用褲型尿布讓寶寶站著換，或許他們就願意乖乖換尿布了，各位不妨試試看。

會站
會走路

時期的遊戲

會站

的 時 期

這是寶寶快要會走路的前兆。做父母的當然都希望孩子快點會
走路,不過每個人的成長速度都不同。為了學會走路,寶寶每
天都在默默地為此做準備。大人就靜靜地從旁守護,以有趣的
遊戲陪伴寶寶成長吧!

爬行時期要結束了!?

兒子，恭喜你！

你好帥喔～！

乖兒子！

站起來了！！

手舞足蹈

抖 抖 抖

這麼說來！

驚！

嗯～寶寶也一定很快就會走了。

剛出生時那軟趴趴的雙腿，明明讓人覺得「一點都不像能站起來」的，一轉眼……

感觸良多…

哇～得享受盡當下才行！

爬行時期就快要結束了～

爬 爬 爬 爬

喀擦 喀擦

一二一二 起步走♪

「想要走路」
的這份心情，
會促使寶寶邁出步伐！

別急、
別急♡

身體　感覺　居家

遊戲重點

等到全身，尤其是下肢的肌肉和身體的平衡感漸漸發展成熟，寶寶不必扶著東西也能夠站立起來。話雖如此，從會站到會走路要經過多少時間，每個寶寶的情況都不同。儘管沒有必要為了走路刻意進行練習，但是如果寶寶有走路的意願，不妨試著加入「走路體驗」的遊戲。寶寶說不定會因此發現走路的樂趣，進而開始上癮喔！

遊戲方法

讓寶寶的腳踩在大人的腳背上，輕輕扶著他的腋下或手臂，一邊說「你會走路好棒喔！」、「一二、一二」，一邊進行這個互動遊戲。等到習慣了，就讓寶寶站在地上，同樣輕輕扶著腋下或手臂。好了，這次寶寶會自己把腳往前跨，想要走路了嗎？

習慣之後，就讓寶寶腳踩地板……

手臂不要往上抬。

搖晃

搖晃

一二！一二！

踩在大人的腳背上。

➜ ARRANGE

到這邊來！

用力

科科

到這邊來♪

趁寶寶站立的時候，試著呼喚他們「到這邊來」。說不定可以見到寶寶的第一步喔！

➜ CARE POINT

作為遊戲的一環

即使有大人的支撐，寶寶也不會立刻就能走上好幾步。請視為一種遊戲，不要心急，輕鬆地享受當下的樂趣。

大量活動身體吧！

活動身體真好玩♪
光是能讓寶寶這麼想，
就已經非常成功了！

好喜歡
被拖著走♡

身體　感覺　居家

遊戲重點

近年來，嬰幼兒的體力、運動能力有下降的趨勢。讓0～2歲孩子活動身體的遊戲，除了可以培養肌力、爆發力、持久力等運動能力，還能鍛鍊大腦、心肺功能、骨骼，並提升專注力和對疾病的抵抗力，為今後的成長打好基礎。如果孩子喜歡活動身體，不妨挑戰看看翹翹板遊戲、拖行移動等稍微動態的遊戲。

遊戲方法

在俯臥狀態下拉著寶寶的手，使其在地板上移動。或是讓寶寶抓住大人的大拇指，然後握著手腕將其吊起。另外，還可以握著寶寶的雙手，面對面「高高低低」地玩翹翹板遊戲。

→ **ARRANGE**

寶寶深蹲!?

牽著寶寶的手，重複「蹲下～起立」的口令。假使他們能夠順暢地蹲下，就不用擔心站的時候會失去平衡了。

→ **CARE POINT**

激烈程度要適當

等到寶寶習慣了，像是用力拉手臂或抬起來等等，遊戲會漸漸變得激烈起來。請務必注意安全，以免受傷或發生意外。

利用繪本多和寶寶對話

繪本是增進互動的工具。
比起正確地閱讀，
讀得開心才是最重要的！

你怎麼會在這裡？

遊戲重點

假使寶寶慢慢地能夠理解語言，也可以用手指出自己感興趣的東西，請務必積極地讀繪本給寶寶聽。讓孩子坐在大腿上，一邊用手指著圖畫，即便只是說「小熊在哭耶！他是不是很傷心呢？」也OK。繪本純粹是遊戲的道具，只要寶寶和大人覺得開心，要怎麼使用都可以。

遊戲方法

讓寶寶坐在大腿上，一邊指著圖畫一邊說「哪個是香蕉呢？」、「他在說『摩咿摩咿』耶，好有趣喔～」，看著同一本書和寶寶說話。另外，除了朗讀繪本，也很推薦模仿書中出現的動物叫聲和動作。

→ CARE POINT

大人喜歡的繪本和寶寶喜歡的不一樣!?

根據開教授的說法，寶寶喜歡的繪本未必和大人喜歡的一樣。從教授會選擇寶寶所喜歡的疊字，以及從容易發音的「ma mi mu me mo」中選擇「摩咿摩咿」這個詞，並且在注視實驗中讓寶寶選出符合該詞的圖畫，就能看出大人喜歡的圖畫和寶寶喜歡的有所不同。請多多閱讀繪本，找出寶寶喜歡的作品。

能讓寶寶停止哭泣而引起話題的繪本《摩咿摩咿》。寶寶遇到喜歡的繪本會希望大人反覆讀給自己聽。開教授監修。

撲通一聲掉進去

掉進洞裡的
「撲通」聲很有趣，
也會讓人想要一探究竟♪

不要讓我
掉下去！

身體　　感覺　　居家

遊戲重點

如果寶寶對於「讓東西掉下去」感興趣，就使用身邊現有的物品，讓他們
盡情體驗投入物品的樂趣吧！這個遊戲雖然只是用手指捏著東西、放進洞
裡，但是一鬆手東西就掉落的有趣感受，還有掉落後發出的「撲通」聲，
都讓不少孩子為之著迷。當寶寶很專心地在玩時，請大人靜靜在一邊旁觀
就好。

遊戲方法

把方形物品放進圓形的洞裡也OK，就讓寶寶自由地玩耍吧！等寶寶玩了一陣子之後，也可以讓物品和洞的顏色一致，試著提示寶寶「紅色的要投進這裡面」。

透明（半透明）收納盒

準備的物品

絕緣膠帶

寶特瓶蓋

鑰匙圈吊牌

美工刀、剪刀

重疊2個寶特瓶蓋，用絕緣膠帶固定。

鑽出比物品稍大的洞，並在洞緣貼上絕緣膠帶。

⇒ ARRANGE

投入吸管

挑戰把吸管投入小洞裡。在筒狀收納容器的蓋子上，開一個大約可以放入吸管的小洞，並且將吸管剪短。一開始先由大人示範怎麼做。請務必留意，不要讓寶寶一邊銜著吸管一邊走路！

※ 以上介紹的材料皆可於百圓商店購得。

\ 實驗目的 /

對寶寶而言，「模仿」是很重要的生存能力。他們會透過模仿，學習道具的用法和解決問題的方法，並且漸漸學會如何與人溝通。因此，等到寶寶滿1歲以後，不妨在家試試看這個模仿學習的實驗。此實驗的重點在於，「在知道正確操作方法的情況下，假使採取不尋常的操作方法，寶寶會有什麼反應？」。在P.88的氣球實驗中，寶寶的心情多少會影響到實驗的進行，不過這個方法並不會讓寶寶的心情影響實驗。

實驗對象年齡 13個月～24個月大。
準備物品 觸控燈

\ 實驗開始 /

STEP 1　第1天

面對面坐著，在桌上擺放觸控燈。

↓

STEP 2

大人用頭去點亮觸控燈。

STEP 5　第2天

和第1天一樣面對面坐著，說「來，給你」，把觸控燈擺在孩子面前。

STEP 6

究竟孩子會不會模仿大人，用頭去點燈呢？

STEP 3

跟寶寶說「啊，燈亮了耶！」。

STEP 4

接著說「好了，收起來吧！」，將觸控燈收進箱子裡。

解說

假使寶寶會用頭去點亮燈，就表示即使過了一天，他對於父母的行動仍保有記憶。在家進行實驗時，各位不妨試試以不尋常的作法去操作平時使用的玩具。順帶一提，這項實驗還有另一種版本，就是大人在手上纏布，在手無法使用的狀態下用頭點燈，結果得到了「寶寶依然用手去點燈」的結果。寶寶大概是做出了「因為無法用手，所以才用頭」的判斷吧。由此推測，當他們見到大人明明可以用手，卻使用頭的樣子，心裡或許產生「這麼做也許是有某種特殊理由？」的期待。

搖搖晃晃走路

的 時 期

進入會走路時期之後，此時的孩子已經不再是小寶寶了。不僅行動範圍擴大，也能夠自己一個人玩了。孩子會經由累積自己辦到某件事情的樂趣，吸收各式各樣的新知，體驗全新的行動和感受。

第一次穿鞋散步

好想多走幾步！
但願能夠透過遊戲，
讓孩子產生這種想法♡

搖晃

穿上鞋鞋，
出門散步去

搖晃

心	身體	感覺	戶外

遊戲重點

孩子的第一步，還有那張開雙手、搖搖晃晃大步走路的可愛模樣，想必令人終生難忘吧。然而另一方面，不穩定的步伐必須時時看顧、大人無法移開視線也是事實。不過，孩子終究會在跟蹌、跌坐在地、跌倒的過程中，漸漸抓到走路的訣竅。等到孩子能夠穩穩地走完3、4步，請務必為他們穿上第一雙鞋，外出散步去。

遊戲方法

土壤上、草皮、沙坑、水泥地⋯⋯請讓孩子接觸和家中地板不同的觸感。由於這個時期還很難走太久或牽手走路，因此請抱著孩子或用嬰兒推車帶他前往目的地。

→ CARE POINT 1

接觸新事物最重要

如果孩子累了，就抱抱他、不要勉強他繼續走。像是坐在盪鞦韆上一起吹風等等，一起享受在戶外才感受得到的刺激吧！

→ CARE POINT 2

如何挑選第一雙鞋？

剛開始走路的孩子，腳的骨骼還有一半以上是尚未發育完全的軟骨。第一雙鞋請選擇尺寸相符的鞋子，如此才能確實保護孩子柔軟的雙腳。建議挑選腳後跟的部分硬、腳趾部分不會太緊、鞋底穩定，而且腳背和鞋子貼合的款式。

玩水嘩啦啦

如果孩子喜歡上玩水，
洗澡時間也許會變得
非～常輕鬆喔！

也有蟲蟲是
喜歡水的！

感覺　戶外

遊戲重點

當炎熱季節來臨，就在陽台、院子裡準備塑膠泳池或嬰兒浴盆，和孩子一起嘩啦啦地玩水吧！可以用手舀起，放入容器會變形，拍打則會發出聲音並濺起水花，不妨透過遊戲讓孩子多多體驗水的奇妙之處。等到孩子習慣水之後，就能嘗試更多遊戲點子了。

一開始先從潑水和澆水玩起。等到習慣之後，就準備寶特瓶、桶子、杯子等道具。孩子是遊戲的天才，會自己慢慢找到舀水、拍水等獨特的玩法。

只要在美乃滋容器上鑽孔，立刻化身成花灑。

淅瀝淅瀝～

嘩啦嘩啦

玩水時務必要有大人陪同！

→ ARRANGE

海綿和保鮮袋同樣大受歡迎

玩水道具中，意外地大受歡迎的是海綿。看在孩子眼裡，吸水後會變大、捏了就會有水跑出來的海綿，大概很不可思議吧。除此之外，像是在保鮮袋裡裝水，讓孩子體驗其觸感，或是用顏料、花朵及葉子的汁液將水染色，玩果汁店的遊戲等等，各位可以盡情地發揮創意。

捏？？
嘩啦～

※ 請注意，不要讓孩子喝下果汁店遊戲所使用的水。

你好，大自然！

孩子玩得正入迷時，
是不會踩煞車的。
等他們來求助了，
大人再出手幫忙吧♡

超級興奮！！

心	身體	感覺	戶外

遊戲重點

大自然是刺激的寶庫。走在落葉上的沙沙聲，葉子被風吹動的樣子，發現堅硬的橡實……所有的一切都是如此奇妙又有趣。一開始能夠玩的遊戲可能很有限，不過玩法會漸漸產生變化，孩子也會更加主動地去嘗試做些什麼。大人就從旁守護孩子的安全，讓他們盡情、自由地玩耍吧！

遊戲方法

讓孩子在公園等安全場所自由地玩耍。孩子說不定會很專注於撿拾葉子，然後不停呼喚大人過來、想要獻寶呢！這時，記得要說「你好厲害，收集了好多喔！」，好好讚美孩子喔！

哇──！
渾身都是葉子，好可愛～!!

啊咿!

啊咿!

爸爸～!!

外出時，只要隨身攜帶塑膠袋，就能在孩子撿拾葉子、橡實、石頭或蟲子的時候，即時提供給他們。

→ **CARE POINT 1**

前進不了是因為有所發現!?

比如，途中看到螞蟻的隊伍就不敢動了，或是相反地，接連被不同東西吸引過去，原本大約5分鐘的路程變成要30分鐘才走得完，類似的情形會愈來愈常發生。為了減少說「快點」、「不要慢吞吞的」這種話的次數，請盡可能預留充裕的時間行動。

啊……好擔心

可愛喔

→ **CARE POINT 2**

外出遊玩的
注意事項

藉由外出遊玩感受冷熱的氣候，對於孩子的成長也非常重要。只不過，由於孩子的體溫調節機能尚未發育成熟，除了做好預防紫外線、中暑的準備，也請務必注意保暖。

好棒的
平衡感！

互動的同時，
一邊培養孩子的
平衡感♡

當馬也是
很辛苦的……
by 小豬靈

身體　感覺　居家

遊戲重點

站直讓身體回到原位、站穩身體不跌倒，這些身體的反射控制，都需要有良好的平衡能力方可達成。雖說已經會走了，但由於這個時期的孩子還走得不夠穩，為了幫助他們迅速迴避跌倒、撞到等危險，最好有意識地透過平衡運動遊戲來加以訓練。

遊戲方法

大人呈四足跪姿讓孩子坐在背上，抓著自己的身體或衣服，像馬一樣在房間裡移動。一開始速度要慢，之後才徐徐地加快速度，還可以稍微抬起上半身發出「嘶嘶～」的馬鳴，增添變化。

→ ARRANGE

靠墊踏腳石

等到孩子走得很穩了，就可以來嘗試靠墊遊戲。把靠墊當成河裡的石頭，告訴孩子「掉下去會被鱷魚吃掉喔～」，使其產生興奮刺激的感受，這麼一來，遊戲玩起來會更有樂趣。假使孩子失去平衡掉下去了，大人就扮成鱷魚，邊說「我要吃掉你～」邊抱住孩子，假裝要將他吃掉。

轉一轉，
扭一扭

如果孩子能抓住小東西了，
就來玩轉一轉、
扭一扭的遊戲吧！

旋轉

扭動

扭轉對身體
很好喔♡

 身體 感覺 居家

遊戲重點

近來，隨著生活的便利性大增，像是旋轉計時器、旋轉水龍頭等，日常生活中需要扭轉手腕的動作變得愈來愈少了。扭轉、旋轉的動作不僅能為大腦的發育帶來良好的影響，還能提升使用手指的能力，對於將來學習拿筷子和鉛筆有所幫助。假使孩子對開關蓋子感興趣，請務必幫他們準備化妝品空瓶等有蓋子的容器。

遊戲方法

單手拿容器，另一隻手抓著蓋子旋轉。由於這個動作難度很高，一開始請先由大人示範怎麼做。在孩子掌握訣竅之前，最好事先將蓋子轉鬆一點。

→ ARRANGE

開闔拉鍊

開闔袋子、包包上的拉鍊或魔鬼氈，也是需要使用到手指和手腕的動作。另外，像是必須轉動才能打開的門把，如果有機會的話，也可以讓孩子開關看看。

→ CARE POINT

還是要
小心誤食

寶特瓶蓋有誤食的可能性，請大人務必格外留意。3歲以前，應避免將直徑未滿4cm的物品放在孩子拿得到的地方。

能夠拿過來嗎？

語言就像是玩傳接球，
因為有想說話的對象，
所以才記得住♡

不管有沒有
拿過來
都好可愛……

心　　身體　　感覺　　居家

遊戲重點

孩子到了1歲半左右，多半能夠說出「汪汪」等有意義的詞彙。即使不會說，也能夠聽懂別人所說的話。這是孩子在至今的生活中透過看、聽，吸收了各式各樣事物的結果。語言無法靠一人獨自學會，請各位多多和孩子說話，激發他們對語言的興趣。

遊戲方法

指著稍遠處，對孩子說「可以幫我把那個玩具車拿過來嗎？」。如果拿過來了，就給予稱讚；假使拿錯了，就以「噗噗～（ ╳ ），這是香蕉，那個才是車子～」這種輕鬆愉快的語氣指正孩子。

⇥ CARE POINT

珍惜雙向的溝通！

開教授曾經進行一項實驗：在母親透過螢幕教導2歲的孩子怎麼玩玩具的情境下，比較當聲音和畫面同時出現，以及聲音比畫面晚1秒出現時，會產生何種差異。結果顯示，畫面和聲音同時出現時，孩子能夠理解玩具的玩法，可是當聲音晚1秒出現時，便無法理解了。由此可見，溝通是雙向的，假使沒有立即獲得反應，就會很難理解對方的意思。溝通真的是一件好困難的事情呢！

在浴室
也能玩遊戲

洗澡是每天必做的事情,所以當然希望孩子能夠
愛上洗澡。既然如此,那就讓洗澡時間變成親子
的互動時光吧!

用**手**擠**水**
的**遊**戲

讓洗澡水從交扣的兩手之間噴出來,堪
稱是最為經典的浴室遊戲了。只要兩手
相對、用力擠壓手掌,洗澡水就會猛地
噴出。可以一下噴在臉上,一下濺到遠
處,非常好玩。如果不會用手擠水,只
是互相把水潑到對方身上也很有趣喔!

聊**天遊**戲

一邊泡澡,一邊像「今天有摸到狗狗對
不對~」這樣聊聊一天發生的事情。最
後一定要給予孩子一句讚美的話,例如
「你今天有乖乖吃紅蘿蔔,真的好了不
起喔!」,然後緊緊擁抱他們。

174

毛巾遊戲

讓毛巾浮在浴缸裡,裝入大量空氣,做
成一顆大氣球。讓孩子試著輕輕拍打氣
球,之後再將毛巾氣球沉入浴缸,用力
擠扁。見到氣泡咕嚕咕嚕地冒出來,孩
子一定會迷上這個好玩的遊戲。

泡泡遊戲

泡泡是浴室遊戲裡最強的道具。洗頭的
時候,可以一邊將頭髮豎起來變成高
塔、將泡泡放在下巴當成鬍子,或是放
在身上做成衣服等等。孩子從鏡中見到
自己的模樣,肯定會樂不可支。

臉盆或勺子的遊戲

只要將臉盆或勺子倒過來拍打洗澡水,
就會發出砰砰砰的巨大聲響。另外,倒
放臉盆將空氣密閉其中,接著沉入浴
缸,一口氣將空氣釋放出來,則會像放
了好大一聲響屁似的。

走得又穩又快
的 時 期

這個時期的孩子，吸收能力非常強。不僅自發性遊戲的頻率增加，還會萌生出自我和思考，記憶力也會逐漸擴展。他們變得會在腦中思考事情，並且試圖向大人表達自己的想法。同時，也會開始玩將物品比擬成某樣東西的遊戲。

沙坑
挖挖挖

> 舀起、挖掘，
> 聚集、堆疊。
> 沙子真好玩！

聚集起來
就變成藝術品 ♡

身體　感覺　戶外

遊戲重點

用鏟子挖洞、把沙子填進水桶裡、用手挖出隧道，或是淋上水將鬆散的沙子聚集起來……玩沙能夠讓孩子受到各種感官上的刺激。即使一開始道具用得不順手，也會在遊戲過程中變得愈來愈會使用，甚至還能發揮想像力，創造出獨特的玩法。就讓孩子穿上髒了也不會心疼的衣服，盡情地玩樂吧！

遊戲方法

帶著鏟子或水桶到公園的沙坑去。一開始，孩子幾乎都在熟悉手中的道具而非玩沙，不過這也是相當重要的過程。請告訴孩子「你舀了好多沙喔！」，給予他們鼓勵。

起初就只是
拿著道具。

過一陣子
就會舀沙了。

→ **ARRANGE**

2歲以後的
沙子遊戲

孩子過了2歲以後，手部動作會變得更加靈活，因此比起玩道具，更懂得如何直接以手挖洞、堆小山來讓沙子產生變化。另外，他們也會玩弄垮小山等簡單的遊戲。

→ **CARE POINT**

擔心玩沙會有
衛生上的疑慮該怎麼辦？

近來，有愈來愈多人擔心公園的沙坑不夠衛生而不想去玩。其實，只要徹底遵守「玩過後要洗手」這一點，就能預防幾乎所有的細菌感染。但如果還是覺得不放心，那就不要執著於去沙坑玩，改讓孩子玩黏土或水吧！

互動時間的雙人運動

正因為有和大人互動的快樂時光，才能熱中且專注地獨自玩耍♪

兩個人在一起真開心♡

心	身體	感覺	居家

遊戲重點

走路、跑步、爬行、攀爬、投擲等等，孩子會在每天的遊戲中不停地活動身體，因此，其實並不需要特別安排運動遊戲的時間。不過，和大人一起進行的運動遊戲，不單單只是活動身體而已，還包含了互動的元素在裡面。由於這個時期孩子經常會獨自玩耍，各位家長不妨安排雙人進行的運動，和孩子一同度過歡樂的時光。

遊戲方法

以下介紹有助於鍛鍊手、腳力氣的遊戲，以及使用毛巾進行的全身性運動。只要認真地玩，孩子晚上說不定會睡得很熟喔！

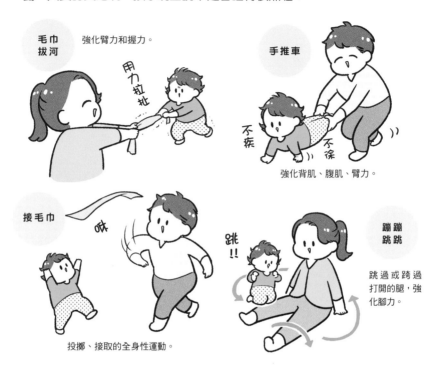

毛巾拔河　強化臂力和握力。

用力拉扯

手推車

不疾
不徐

強化背肌、腹肌、臂力。

接毛巾

呀

跳!!

蹦蹦跳跳

跳過或跨過打開的腿，強化腳力。

投擲、接取的全身性運動。

→ **ARRANGE**

過獨木橋

到戶外時，可以讓孩子站在花壇的磚塊上這類高約10cm、掉下來也不危險的地方，牽著爸媽的手走在上面。因為孩子會邊走邊努力不讓自己掉下來，所以能夠達到訓練平衡感的效果。

→ **CARE POINT**

用1根手指牽手

假使孩子在外面不想和大人牽手，可以試著伸出1根手指，問孩子「要握著嗎？」。孩子會出乎意料地願意牽手喔！

紙杯
保齡球

滾球，弄垮紙杯山後
再次疊起來。
一次可玩到兩種喜歡的遊戲！

會滾動的
不只是球……

身體　　感覺　　居家

遊戲重點

這個時期的孩子，會漸漸培養出預測的能力。像是讓球滾走後跑去追，或是用球東撞西撞，遊戲的方式變得愈來愈多樣化。等到孩子會滾球了，就用紙杯來玩保齡球遊戲吧！如果家裡沒有球，也可以將報紙揉成團（→P.83）來滾動。堆疊紙杯的工作請務必和孩子一起進行。

遊戲方法

滾動球，弄倒堆好的紙杯。要讓球筆直地滾動其實意外地困難，而且要是不夠用力，就很難把紙杯弄倒，所以一開始可以先拉近距離，或是和孩子一起拿著球投擲，教導孩子遊戲的方法。

→ ARRANGE

用紙杯話筒傳話

如果家裡有很多紙杯，就來做做看紙杯電話吧！①在杯子底部鑽孔，②用棉線串起2個紙杯，③用膠帶固定住線就完成了。線如果鬆鬆的，聲音就傳不出去，所以玩的時候記得要把線拉緊。

蠟筆隨意畫

只要動動手腕就會出現線條，真是太有趣了♡

哇～
你畫得真棒～

心　感覺　居家

遊戲重點

畫畫能夠刺激感覺，幫助孩子發展感性和表現能力。無論是點還是線，無論使用什麼顏色，即使畫到紙張外面了，或是拿筆的方式很奇怪，又甚至只是拿著筆在紙上敲打，只要動作沒有危險性，就讓孩子自由地去發揮吧！這個時期最重要的，就是讓孩子隨意作畫，多多活動小手。畫畫沒有所謂好壞之分，能夠從畫圖過程中感受到樂趣才是重點。

遊戲方法

準備大張的紙和蠟筆。一開始先由大人陪同畫畫，示範作法給孩子看。雖然可以理解大人都會希望孩子乖乖地在桌上畫畫，但是無論孩子用何種姿勢畫圖，都請不要糾正他們。畫畫之前，記得預先準備弄髒也無妨的服裝和環境。

→ ARRANGE

用手指或手掌畫畫

直接用手沾顏料，塗抹在紙張上也OK。這麼做比拿蠟筆要來得簡單，又能體驗到黏黏滑滑的觸感，因此，許多孩子都非常喜歡這種畫畫遊戲。在家作畫之前，請先鋪上塑膠墊以防弄髒。另外，也很推薦利用海綿來上色。

又夾又扯的洗衣夾

手指是人的第二個大腦。

所以要多多使用指尖才行！

千萬不要夾在皮膚上喔！

身體　感覺　居家

遊戲重點

儘管每個人的狀況不同，不過一般到了這個時期，孩子會開始能用大拇指、中指、食指這3根手指，並且在指尖中施力。各位可以活用洗衣夾等手邊現有的道具，玩夾扯的遊戲。夾住後拉扯的這個動作，其實比大人以為的還要複雜。即使孩子做不到也沒關係，只要在能力範圍內輕鬆愉快地嘗試就好。

遊 戲 方 法

在厚紙板上畫貓咪的臉或螃蟹的身體，請孩子夾上洗衣夾，當成貓咪的鬍鬚和螃蟹的腳。如果還很難做到夾的動作，可以先幫忙夾上洗衣夾，然後再讓孩子把洗衣夾扯下來。

假使能夠
夾上去

讓孩子夾夾子
在螃蟹身上。

螃蟹的腳變多了耶！！

假使無法
夾上去

讓孩子扯下
已經夾好的洗衣夾。

→ ARRANGE

用洗衣夾進行創作

只要將洗衣夾串起來，就能做出各式各樣的造型。除此之外，像是收集相同顏色的洗衣夾，或是稍微讓孩子幫忙晾衣服，只要下點功夫就能變化出多種玩法。洗衣夾的種類多樣，建議可以盡量準備比較好夾的款式。

串起來　　　　幫忙做家事

幫忙遊戲 ♡

孩子幫忙之後，大人的一句「謝謝」會成為他們持續下去的動力♡

正在幫忙中！

心	身體	感覺	居家	戶外

遊戲重點

孩子最喜歡幫忙做事了。當然，這個時候的孩子還無法做得很好，但是他們非常享受和大人做相同事情的感覺。若是受到「你好棒喔！」、「謝謝你」之類的稱讚，孩子會覺得更開心，並因此有了自信，進而產生想要嘗試更多新事物的慾望和成長。一開始，請先從孩子想做的簡單工作開始嘗試。

遊戲方法

請孩子幫忙將尿布丟進垃圾桶、用除塵拖把或除塵滾輪打掃、買東西時幫忙推購物車等等，可以像玩遊戲一樣，讓孩子幫忙做這些小事。

→ ARRANGE

撕蔬菜

如果是在廚房或飯廳裡，建議可以讓孩子幫忙撕蔬菜、擺放筷子等。刀具請收在他們拿不到的地方。

→ CARE POINT

幫忙事項
要配合孩子的能力

像是幫忙折衣服、徹底收拾環境等等，拜託孩子做這些對1歲幼兒來說還太困難的事情，只會讓他們對幫忙做事產生排斥感。讓孩子去做輕易就能完成的事情，或是稍微努力一下就能做到的事情，是幫助他們長久維持動力的祕訣。

「角色扮演」遊戲

或許是大人重新檢視
自己平常行為的好機會？

這是在哄睡？
還是在
叫醒我？

啪！

啪！

心	身體	感覺	居家

遊戲重點

把積木當成車子跑來跑去、假裝把果汁倒出來,或是把布偶當成小寶寶,像媽媽一樣照顧它……孩子接近2歲的時候,會根據自己之前所見、所經驗過的記憶,在腦中想像不存在的事物來玩耍,也就是所謂的「角色扮演遊戲」。

遊戲方法

把洋娃娃當成小寶寶，餵它吃飯、把它揹在背上、哄它睡覺，像個小媽媽一樣地照顧它。大人可以在旁邊看著，在吃飯的時候幫忙發出「啊姆啊姆」的音效，或是給予孩子「小寶是不是想睡了？」的提示。

⇥ CARE POINT 1

角色扮演遊戲
是父母的鏡子!?

「角色扮演遊戲」的主角是孩子，大人請徹底從旁輔助就好。孩子的舉止和行動，在在都反映出平時大人所表現出來的行為。大人或許能夠從中獲得提點，或是察覺到自己需要反省的地方。

⇥ CARE POINT 2

孩子因角色扮演遊戲
而產生的變化

角色扮演遊戲有助於培養想像力。此外，還能培養社交能力，讓孩子開始對自己以外的人產生意識，進而逐漸能夠和朋友一起玩耍。這個「角色扮演遊戲」之後將慢慢發展成和朋友同樂的「扮家家酒遊戲」。

請和孩子一同自由發揮想像力。

滾動

試著一次給寶寶看一頁圖片！

寶寶能夠分辨「臉」嗎？

作法

這是從新生兒時期開始，就能夠進行的實驗。請一次一頁慢慢地移動，讓寶寶看「正確的臉部圖片」（右）和「臉部五官配置得亂七八糟的圖片」（左）。實驗結果顯示，寶寶對左邊「配置得亂七八糟的圖片」不感興趣，而會追視右邊正確的臉部圖片。那麼，你家的寶寶又是如何呢？

\ 解　說 /

新生兒的視力約為 0.01 ～ 0.02，還只能看見模糊的輪廓。但儘管如此，會將注意力放在右邊的臉上，就表示寶寶對它很感興趣。假使你的寶寶會長時間注視右邊正確的臉部圖片，那麼他說不定已經能夠正確地辨識「臉」了喔！

STAFF
設計　　　　八木孝枝
編輯・執筆　引田光江
　　　　　　齋藤那菜（GROUP ONES）
遊戲提案協力　東大島站前保育園
　　　　　　2001年，成立於東京都江東區。為該
　　　　　　區第一間經過認證的保育園。

AKACHAN TO ISSHO NI TANOSHIMU
ASOBI IDEA BOOK
© 2021 KEI KURATA, Asahi Shimbun Publications Inc.
Originally published in Japan in 2021
by Asahi Shimbun Publications Inc.,TOKYO.
Traditional Chinese translation rights arranged with
Asahi Shimbun Publications Inc. through TOHAN
CORPORATION, TOKYO.

不分齡開發腦力的185個寶寶遊戲提案

東大嬰兒學專家26年研究數據統合！

2022年3月1日初版第一刷發行

監 修 者　開一夫
繪　　者　倉田けい
譯　　者　曹茹蘋
編　　輯　陳映潔
發 行 人　南部裕
發 行 所　台灣東販股份有限公司
　　　　　＜地址＞台北市南京東路4段130號2F-1
　　　　　＜電話＞(02)2577-8878
　　　　　＜傳真＞(02)2577-8896
　　　　　＜網址＞http://www.tohan.com.tw
郵撥帳號　1405049-4
法律顧問　蕭雄淋律師
總 經 銷　聯合發行股份有限公司
　　　　　＜電話＞(02)2917-8022

TOHAN

監修

開 一夫

東京大學大學院綜合文化研究科廣域系統科學系教授。慶應義塾大學研究所博士課程結業，博士（工學）。專攻嬰兒學、發達認知神經科學、機械學習。成立東京大學嬰兒研究室，專門研究「嬰兒學」。監製深受寶寶喜愛的電視節目「Shinapushu」（東京電視台）。因為想製作出寶寶真正喜歡的圖畫書，也發起了「嬰兒學圖畫書計畫」，監修《摩咿摩咿》、《嗚嚕西》（以上為台灣東販出版）、《摩咿摩咿與奇力（モイモイとキーリー）》（Discover 21）等圖畫書。著有《嬰兒不思議（赤ちゃんの不思議）》（岩波新書），共著有《讓東大教授為你解答寶寶的各種為什麼（ミキティが東大教授に聞いた赤ちゃんのなぜ？）》（中央法規出版）。

插畫、漫畫

倉田 けい

插畫家、漫畫家。2019年誕下長子。每天在SNS上投稿的孩子成長記錄漫畫《365天育兒生活（365日アカチャン滿喫生活）》（KADOKAWA）成為首次出版的單行本。對於嬰幼兒時期特有的可愛舉止和行動的描繪、成長的分析等，引起許多人的共鳴和討論。

國家圖書館出版品預行編目(CIP)資料

不分齡開發腦力的185個寶寶遊戲提案：
東大嬰兒學專家26年研究數據統合！/開
一夫監修；倉田けい繪；曹茹蘋譯. -- 初版.
-- 臺北市：臺灣東販, 2022.03
200面；14.8×18.8公分
ISBN 978-626-329-125-6 (平裝)

1.CST: 育兒　2.CST: 幼兒遊戲

428.8　　　　　　　　　　111001026